竹島紀事

# 죽도기사 4-1

竹島紀事

# 죽도기사 4-1

권오엽 | 오오니시 토시테루 편역주

KSI 한국학술정보[주]

# 竹嶋記事

四

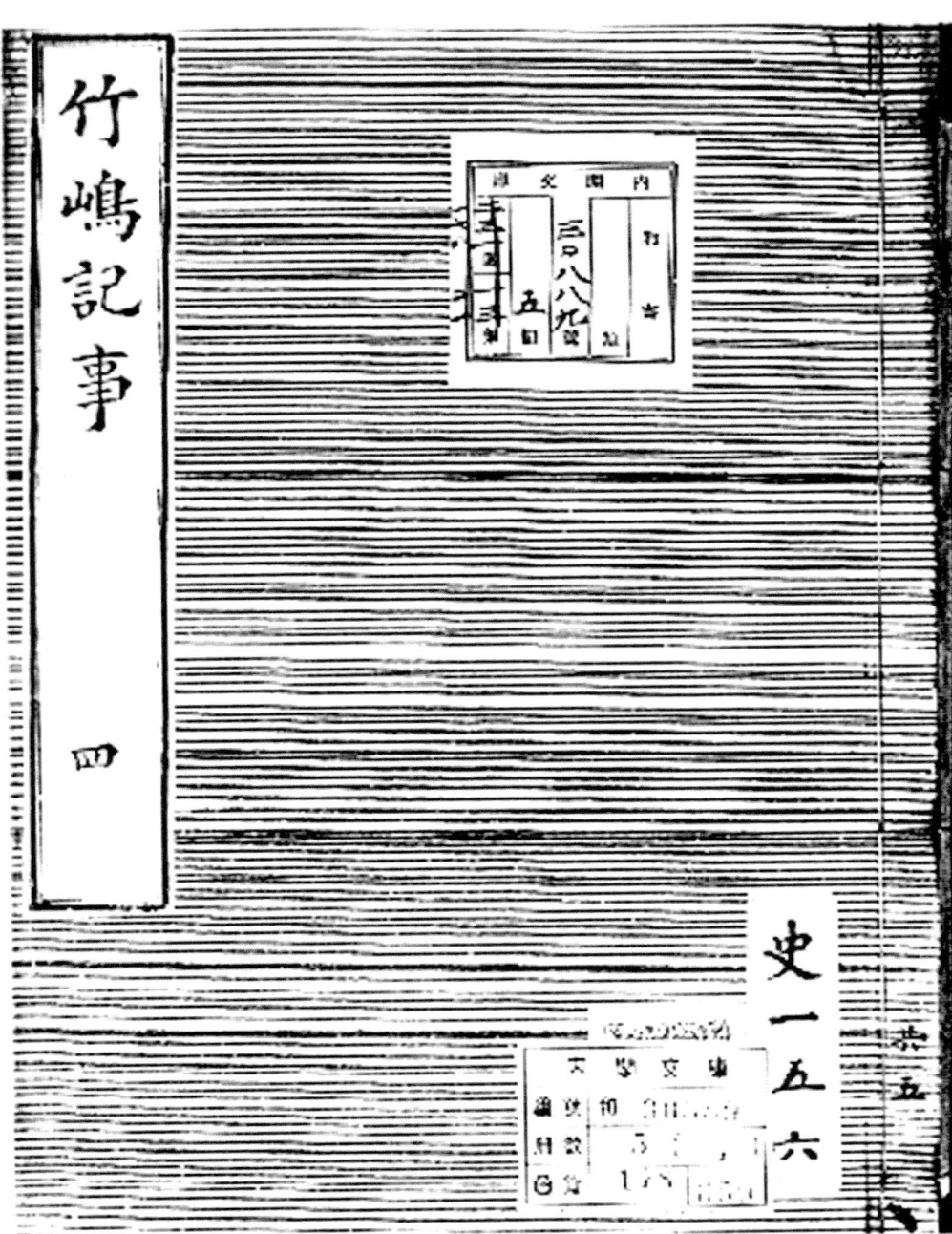

# 竹島記事 四

# 목차

## 일러두기

1. 본 『죽도기사』는 국립공문서관내각문고 소장의 화서30889, 함호178-659를 저본으로 하고, 동시에 화서 47092호, 함호178-655를 참조본으로 했다.
1. 본서의 번각문은 저본과 참조본을 오오니시 토시테루와 권오엽이 공동으로 문자를 확인하여 만들었다. 참고한 것은 죽도문제연구회의 『죽도문제에 관한 조사연구』 및 이케우치 사토시의 『죽도일건의 역사적 연구–죽도(울릉도)를 둘러싼 근세 일본과 조선–』이다.
1. 본서의 현대일본어역과 주는 오오니시 토시테루가 작업했다.
1. 본서의 「죽도」가 「울릉도」를 의미할 경우는 「울릉도」를 병기하지 않는 것을 원칙으로 했다. 또 본문 중의 「일한」이나 「한일」, 「일조」, 「조일」 등의 표현은 일본과 조선(한국)의 관계를 설명하기 위한 표현일 뿐, 우선권을 인정하는 것은 아니다.
1. 고문서와 번각문과 현대일본어를 병기하는 이역이나 보다 좋은 해석이 나올 수 있는 경우를 상정한 구성이다.
1. 일본어 표기는 원음에 가까운 표기를 위하여 일반적으로 생략하는 장음 「이・우・오」를 살려 「東京」은 「토우쿄우」로, 「大阪」은 「오오사카」로, 「京都」는 「쿄우토」로 표기하기로 한다.
1. 「か・き・く・け・こ」는 「카・키・쿠・케・코」로, 「た・ち・つ・て・と」는 「타・치・쓰・테・토」로, 「しゃ・しゅ・しょ」는 「샤・슈・쇼」로, 「ちゃ・ちゅ・ちょ」는 「챠・츄・쵸」로 표기한다.

## 凡例

1. 本『竹嶋記事』は国立公文書館内閣文庫所蔵の和書30889、函号178-659を底本にし、同じく和書47902号、函号178-655を参照本とした。

1. 本書の飜刻文は、底本と参照本とを大西俊輝と権五曄が共同し文字を確認検討して行った。参考としたのは竹島問題研究会『竹島問題に関する調査研究』及び池内敏『竹島一件の歴史学的研究-竹島(欝陵島)をめぐる近世の日本と朝鮮-』である。

1. 本書の現代日本語訳と註は大西俊輝が作業した。

1. 「竹島」が「欝陵島」をも意味する場合は「欝陵島」は併記しないことを原則とした。また本文中の「日韓」や「韓日」、「日朝」、「朝日」などの表現は両国の表記で、前後に優先権を置くことではない。

1. 古文書と翻刻文と現代日本語を併記することは異訳やより良い解釈が出てくる可能性を想定した構成である。

1. 日本語の韓国語表記は原音に近い表記を期待して一般的に省略する長音「い・う・お」を生かして「東京」は「토우쿄우」に、「大阪」は「오오사카」に、「京都」は「쿄우토」に表記することにした。

1. 「か・き・く・け・こ」は「카・키・쿠・케・코」に、「た・ち・つ・て・と」は「타・치・쓰・테・토」に、「しゃ・しゅ・しょ」は「샤・슈・쇼」に、「ちゃ・ちゅ・ちょ」は「챠・츄・쵸」に表記する。

## 권오엽 씨와의 얄궂은 교우

세계에서 제일 나쁜 친구 아베 토시유키

한국과의 관계는 올해로 30년이 된다. 그것은 나의 나쁜 친구 권 상과 교류한 기간과 거의 일치한다(2011년에 만 28년). 한국과의 교류, 그것은 권 상과의 교류라서 그 없이는 오늘까지 한국・한국인과의 긴밀한 교류, 만남은 없었을 것이다. 30년 전의 일본에서의 한국은 '가깝고 먼 나라'라고 말하고 있었는데, 나에게는 '불투명하여 가깝고도 먼 나라'였다. 내가 사는 요코하마에서는 한국의 이미지가 결코 좋지 않았다. 군사독재국가, 음산하고 무서운 나라 등의 이미지가 강하였다. 특히 김대중 납치사건에 요코하마 총영사관원의 관여가 크게 보도된 일, 그리고 총영사관 로비에 모 폭력단 두목이 관계하는 단체의 홍보지가 당당하게 놓여 있었던 일 등이 이러한 이미지에 크게 영향을 주고 있었다. 그러한 나의 한국과의 관계가 시작된 원인은 단순했다.

당시 많은 일본인이 중국 붐에 편승하여 개도 쥐도 중국어를 배우고, 모택동 주석을 배우는 등 무비판적으로 중국을 예찬하고 있었다. 국제교류촉진사업에 관계하고 있던 나의 동료는 선진국이나 중국에 관여하는 자가 많았다. 특히 중국 관계의 업무에 종사하는 자는 출세한다고 말하는 시기였다. 4인방의 전성기, 중국에서 온 우호방문단 단장의 환영연에서 '우리나라의 역사에는 침략했다는 역사가 없다'는 인사를 듣고, 나는 '티베트는 어찌된 일인가, 신강 위글은…'이라고 옆자리의 동료에게 낮게 속삭였다. 다음날 상사가 불러, 경솔한 발언이었다며 질책받고, 그것을 계기로, 성질이 급한 나는 중국 관계의 일을 그만두었다. 그리고 다른 아시아국을 선택하려 했는데, 동료 아무도 선택하지 않은 유일한 나라가 한국이었다. 군사독재국가, KCIA 감시하의 국가라는 어두운 이미지가 그렇게 만드는 시대이기도 했다. 더구나 남북분단 문제가 무겁게 억눌러 한국에 관계되는 일에는 누구나 주저하는 시대였다. 솔직히 나의 마음에 주저함이 없었다고 말한다면 그것은 거짓이다.

어느 븐의 소개로 요코하마 한국교육원에서 한국어를 배우기로 했으나, 만일 한국의 애국교육을 강요하거나, KCIA의 그림자가 보이면 어떤 방법으로 그만둘까, 빠져나올 것인가를 진지하게 생각했던 것도 사실이다. 그것이 기우로 끝난 것은 말할 필요도 없다. 그러나 나와 한국과의 긴 교류를 결정하는 사건이 일어났다.

이 사건이 없었다면 나와 한국의 교류는 '겨울연가' 붐으로 촉발되었던 교류와 아무런 차이도 없었을 것이다. 권 상과 만나는 일도 없었을 것이다.

내 아이가 다니는 소학교에서, 소위 '민족차별사건'이라는 일이 일어났다. 재일 코리아 아동이 담임선생한테 차별대우를 받은 사건이었다. 학교의 초기대응 문제도 있었으나, 본명을 쓰지 않고 일본명을 사용하지 않을 수 없는 재일 코리아의 환경을 전혀 의식하지 못한, 의식하려고 하지 않는 학교 측의 체질도 표면화되어, 문제를 복잡화했다. 나는 무엇인가 할 수 있는 일이 없는가 라고 한국교육원에 상담하여, 김영완 선생님의 협력을 얻어 서울매동초등학교 학생들의 그림을 우송 받아, 그림전을 카나가와켄 국제교류센터에서 개최했다. 후일에, 이 그림이 우리 아이가 다니는 소학교를 움직여, 소학교 안에 '어린이 학급'을 만드는 일이 되었다.

이것은 획기적인 일이었다. 현재도 그 활동은 계속되고 있다. 재일 코리안이 많이 다니는 카와사키시의 공립소학교에서 연 전시회로, 학교와 재일 코리안이나 관계단체 사이에 오랫동안 있었던 '응어리'가 풀렸다. 작은 그림전이 커다란 물결이 되어 지역사회를 바꾸기 시작하고 있었다. '저 학교가 한국에 관심을 가지고 있다', '한국 어린이들의 그림은 멋있다'는 소문이 지역에 퍼져, 그때까지 일본명으로 학교에 다니고 있던 어린이가 본명(한국명)으로 학교에 다니는 움직임도 나타났다. 이러한 움직임이 카와사키시 행정도 움직이게 하였다.

재일 코리안을 중심으로 하는 지역 커뮤니티 센터를 카와사키시가 건설하고 한국전통문화를 계승하는 장소로 했다. 또 그 커뮤니티 센터의 활동으로 재일 코리안 문제만이 아니라 아시아나 남아메리카의 이주민 문제 등에도 관계하며 활동의 폭을 넓혀갔다.

이 그림전이 호평이었기 때문에 제2탄의 행사를 생각하지 않으면 안되게 되었다.

그래서 교육원을 방문했더니 만화를 그리는 재미있는 선생이 있다며, 모신문의 기사를 보여주었다. 그것이 북해도 쿠시로한국교육원에 파견되어 있는 권 상이었다. 바로 전화했다. 일단 요코하마에 와주셨으면 좋겠다고 생각하여, 일방적이고 뻔뻔스럽게, 단도직입으로 부탁했다.

개인 개최로 여비나 사례는 없다. 그래도 와주실 수 있는가 강연(헤이케모노가타리)도 부탁하고 싶다. 만화는 복사본으로 충분하다. 그것을 송부해주었으면 한다. 그 복사본은 반납하지 않는다.

이상의 요구에 권 상은, 아무런 조건도 없이 흔쾌히 승낙했다. '아! 이래도 될까?'라는 생각이 들며, 나 자신의 요구가 뻔뻔스럽다는 것을 비로소 인식했다. 그리고 1983년 8월 20일에 국제교류센터 사무소

앞에서 처음으로 만난 그의 웃는 얼굴을 지금도 선명하게 기억하고 있다. 첫 대면이 아니라 오랜 친구가 찾아왔다는 느낌이었다. 만화전도 강연회도 성공이었다.

후일, 카나가와켄 부지사도 관심을 보여, 마침 열린 강연회에서, 그 만화 내용을 피로한 일도 있다. 또 강연회에 참가한 일본인이, 한국인이 일본고전문학을 깊이 연구한 사실을 상찬하고 놀라워했다는 소리가 들려왔다. 반일감정이 강한 한국에서, 그가 안전할까 라며 진지하게 걱정하는 소리도 있었다. 아직 한국의 정보가 바르게 전해지지 않은 시대였다.

내가 특히 흥미를 가진 것은, 그의 만화 '일본만평기' 중에서, 권상은 반일사상의 소유자(당시 나는 그렇게 그를 보았다)이면서 '일본을 좋아하려고 노력하고 있습니다. (중략) 사이코우 타카모리도 이타가키 타이스케도 지금 살아있다면, 같이 술잔을 나누면서 친선을 논할지도 모르겠다'라고 말한 것이었다. 무엇이 그를 그렇게 변하게 한 것일까? 우호교류 촉진의 업무를 담당한 나에게, 그것은 무엇인가 커다란 답을 줄 것 같다고 생각했다.

당시는 업무를 위해 그를 알고 싶다는 타산적 측면이 있었다는 것도 부정할 수 없다. 그러나 그와 사귀는 것이 길어진 것은 이 관심 때문은 아니었다. 그와 사귀는 사이에, 나의 한국인에 대한 좋은 이미지인 '성실', '인정', '의리'를 소중히 여기는 인간성을 그에게서 느꼈는데, 그것이 결코 표면만이 아니라고 생각했기 때문이다. 지금도 그렇게 믿고 있다. 그것이 그에게 없었다면, 이 문장을 쓰는 일은 없었을 것이다.

권상과 한강을 처음으로 보았을 때는 큰 감동을 받았다. 대도시 가운데 물을 찰랑찰랑 채워, 조용하고 유유하게 흐르는 폭 넓은 강이라기보다는 '하천'이었다. 이것은 요코하마에서도 고향 아키타에서도

본 일이 없는 풍경이었다. 특히 석양이 가라앉을 때의 경치가 좋았다. 석양이 되면 그의 아파트에서 가까운 한강 변을 산책하다 강변에 앉아 맥주나 소주를 마시며 여러 가지 두서없는 이야기를 즐겼다.

먼저 서로를 아는 일부터 시작했다. 서로의 성장이나 가족부터 시작하여, 마침내 학생들의 성격, 일한 커뮤니케이션의 이야기에 이르게 된다. 가끔은 일한 관계의 정치문제도 언급했다. 처음에는 서로 신경을 쓰면서 삼가고 있었으나, 결국에는 본심의 충돌이 시작되어 격론하는 일도 있었다. 삼가면서도 가끔 보이는, 어떻게 해도 불식시킬 수 없는 그의 일본에 대한 반감 등을 엿볼 수 있었던 것도 이때쯤이었다. 그의 일본・일본인에 대한 고정관념이, 일본체제로 대부분 용해된 것 같았으나 심저 부분에 강하게 남아 있었던 때였다.

한편 한국에 대해 무지에 가까운(지금도 그렇지만) 나의 생각도 감정에 사로잡힌 엉터리로, 둘의 논쟁(?)은 옆에서 보면, 아마도 우스개로 보였을지도 모르나, 그때는 서로 진지했다. 어쩌면 세계에서 제일 작은 일한전쟁이었음이 틀림없다. 한강의 둔치는 넓다. 큰소리를 쳐도 아무에게도 폐가 될 것 같지 않다. 술이 들어감에 따라 점차로 목소리가 커졌으나, 불쾌한 논쟁은 한 번도 없었을 뿐만 아니라 오히려 신뢰관계가 두터워졌다. 지금도 그때의 강변이 최고의 레스토랑이고, 그때의 음식이 최고의 성찬으로 맛있는 연회였다고 생각하고 있다.

1989년에 처음으로 대전역에 내렸다. 학생들이 역으로 마중 나갔다는 그의 이야기가 있었기 때문에, 출구를 나와 학생들이 어디에 있는가 하며 찾았으나, 학생 같은 모습은 보이지 않았다. 나에게는 선입관이 있었다. 그가 가르치는 학생은 남자일 것이라고 생각했었다. 오른쪽에 늘어서 있는 젊은 여성그룹 앞을 지났으나, 횡단막의 일본어를 본 것 같은 생각이 들어 되돌아보았다. 그 횡단막에는 나의 이름이 있었다. 그 자리에서 생각한 것은, 설마 그가 가르치는 학생이 '여학생'인가. 학생들도 선입관을 가지고 있었다. 내가 공무원이라고 들었기 때문에, 정장에 넥타이, 그리고 안경을 끼고 있다고 생각한 것이다. 그때 나의 복장은 청바지에 넥타이 없이 색안경이었다. 서로가 예상 외의 인물상이라 알아보지 못했던 것이다.

그녀들의 대다수 부모들은 마음속으로, 일본문학을 배우는 것을 좋게 생각하지 않는다는 것을 아는 데는 시간이 걸리지 않았다. 또 당시는 일본인과의 접촉, 일본을 직접 체험한다는 기회도 얻지 못하여, 일본인관도 실태와 크게 다른 것이 많아, 일본인의 다양성을 체험할 기회가 필요하다고 느꼈다. 권 선생도 자기의 경험으로 보아, 필요성을 느끼고 있을 것이다. 나에게 학생이 일본인 가정을 체험할 수 없을까 라는 것을 물었다.

단순한 나는 "괜찮아요"라고 바로 대답했다. 그렇게 말은 했지만, 일본인 가정이 한국인 학생을 어떻게 받아들일까, 받아들여 줄까, 오히려 그쪽 문제가 나는 걱정이 되었다. 한국에서 올림픽을 치렀다고는 하지만, 많은 일본인에게는 아직도 부의 이미지가 강한 나라였다. 나는 한국인의 인상이 좋아지도록, 학생을 파견해달라고 부탁했다.

당시 일본인 호스트 훼미리 대부분은 구미인, 그것도 백인을 받아들이는 경향이 강해, 이런 경향을 타파하기 위해서도, 학생을 선발하는 일이 필요했다. 한편 나에게는 또 하나 마음에 걸리는 것이 있었다. 그것은 한국인을 기분 좋게 받아줄 가정이 있을까. 그것도 부유층이 아닌, 아주 보통 일본인 가정에서. 또 받아줄 가정의 수도 걱정이라, 학생 수도 수인으로 한정해 달라고 했다. 귀국 후 우인과 상담했다.

호스트 훼미리는 극히 어디에나 있는 평범한 일본인 가정이어야 한다. 생활체험이므로 손님 대접을 하지 않는다. 관광안내는 최소화 한다. 단 일본을 방문하는 학생이 가장 많은 관심을 가질 관광(동경 디즈니랜드)은 내가 맡는다. 이런 조건으로 친구에게 모집을 부탁했다. 수일 만에 호스트 훼미리가 모였다. 그 대부분이 한국인을 받아본 일도 없고, 외국인도 받아본 경험도 없었다.

1990년 초여름에 그것을 실현했다. 학생들을 호스트 훼미리에 넘길 때 학생들의 불안한 표정과 귀국 전날에 호스트 훼미리와 헤어질 때의 표정은 크게 달라져 있었다. 서로 눈물을 흘리며 헤어졌다. 그녀들(제1회 참가자는 전원 여학생)은 일본과 일본인관이 달라졌다고 이구동성으로 들뜬 목소리로 나에게 말해주었다. 동시에 한국의 장점도 인식한 것 같았다. 물론 겉치레 인사도 있었을 것이나, 무엇인가가 변한 것은 사실이었다. 이 최초의 시험은 대성공이었다.

다음 해부터는, 호평이었기 때문에, 학생 수를 늘렸다. 호스트 훼미리의 모집에는 아무런 고생도 없게 되었다. 오히려 거절하는 데 고생할 정도였다. 이것으로 보아 이문화의 교류를 진전시키는 제1보는, 서로 '좋은 점'을 직접 보는 것이 아닐까 라고 생각했다. 이 생각은 지금도 변함이 없다. 무엇보다도 권 선생과 내가 지금까지 교류하고 있는 것이 그것을 여실히 증명한다. 입이 나쁜 친구들은 우리 두 사람의 교류만을 보게 되면, 그것과는 반대라고 말할지도 모른다.

1989년에 처음으로 대전역에 내렸을 때, 그리운 흙냄새를 느꼈다. 건물은 낡고 인간냄새가 넘쳤다. 한순간 1963년에 처음으로 요코하마에 도착했던 날의 일이 생각났다. 요코하마의 시가지는 일본에서 가장 복구가 늦은 거리로, 지저분한 것이 번화가에 짙게 남아있었다. 그것이 생각난 것이다. 대전역 주변의 중심부를 빠져나오자 도로는 좁고 구부러지고 버스는 출렁거렸다. 가는 곳마다 공사 중이었다. 버스 안에서는 지금도 변함없으나 운전기사가 좋아하는 한국가요가 흐르고 있었다. 그러한 일이, 나를 견딜 수 없이 두근거리게 했다. 언제부터인가 도로는 정비되어, 넓고 똑바르게 되어 무기질로 변해갔다. 권 선생이 빌려서 살고 있던 밭 가운데의 농가도 사라지고, 대형 고급아파트가 늘어섰다. 많은 농지도 사라졌다. 그리고 지하철의 개통으로 경관의 변화를 확인할 수 없게 되고 말았다. 한국에서 제일 많은 변모를 보인 것이 대전일 것이다.

처음 방문했을 때, 학생들이 노래해 준 생각나는 곡 '대전부르스'의 흔적은 사라지려 하고 있다. 그러나 권 선생은 조금도 변하지 않는 것처럼, 나에게는 보인다. 외견은 여전히 스마트함을 보이지 않고, 교수가 되어도 권 선생은 권 상으로 남아, 학문을 추구하는 정열과 그것에 근거하는 격정이나 단호한 발언도 변하지 않는다. 공무원 사회의 겉과 속이 다른 겉치레가 통하는 환경에서 살아온 나는 일단 입으로는 그들을 달래고 있으나, 솔직히 적당히 하고 있었다.

50세를 지나서 일본 동경대학에서 박사호를 취득한 것은, 그것도 용서 없이 매도하며 지도했을 아주 엄한 교수 밑에서, 분하여 화내고, 눈물 흘리며 몇 번이고 그만두려 했던 권 상이었다. 농담으로 '여러 번 퇴짜 맞으면 몇 번이고 일본에서 만날 수 있으니까, 그것도 좋지 않나'라고 말하기도 했으나, 어떤 때는 정시하지 못할 정도로 지쳐 있었다. 그러한 굴욕과 분함을 뛰어넘은 박사호였다. 박사호는 단순한 자격이 아니다. 그 자격에 근거하여 다음으로 나아가기 위한 탄력에 지나지 않는다고 나는 생각하고 있다. 그는 지금도 다음을 향해 나아가고 있는 것처럼, 나에게는 보인다.

타인을 이용만 할 뿐, 불리하면 사람을 속이는 것을 아무렇지 않게 생각하는 인간을 명백하게 혐오하고 경멸한다. 의리와 인정을 소중히 여기는 순수한 인간냄새와 정직함은, 알게 되었을 때와 전혀 변하지 않고 남아있다. 나는 그것을 느끼고 있다. 그것이 그와 나를 엮어주는 커다란 굴레라고 생각하고 있다.

어머니와 누님이랑 같이 한국을 방문한 일이 있다. 어머니와 하는 최후의 여행이었다. 어머니에게는 권 상에 대해서는 전부터 이야기하고 있었으므로 만나는 것을 기대하고 있었다. 대전역에 그가 마중을 나왔다. 그의 자동차를 타고 가는 도중에 어머니는 '권 상은 언제 만나니?'라고 물었기 때문에 '지금 운전하는 분이 권 상이에요'라고 말했더니, 정말로 놀란 얼굴이었다. 어머니는 대학교수, 그것도 한국 대학교수의 이미지와 크게 달랐던 모양이다.

그의 접대에 크게 감사하고, 한국인에 대한 이미지도 크게 변한 것 같았다. 귀국 후 고향 아키타 사람들에게 권상의 일을 이야기하면, 절반 이상의 사람들은 그 이야기를 들었던 것 같다. 그분들에게 사실이라고 말하면, 어머니와 같은 반응을 보였다. 어머니는 권상이 고향 아키타를 방문해주는 것을 기다렸으나, 2009년 10월에 만 87세로 영면했다. 2011년 1월에 권상과 나는 어머니가 안내하고 싶다고 말한 고향 아키타를 찾아갔다. 어머니의 소원을 겨우 이루게 해줄 수 있었다.

"만엽집"을 읽으며, 이렇게 아름다운 시를 읊은 일본인은 어떤 사람이었을까로부터 시작된 일본에 대한 관심. 그리고 '일본을 좋아하는 사람이 되어 돌아오겠다'며 도일했다는 권 상이었다. 이것은 그가 반일 감정을 가진 보통 한국인이었다는 것을 이야기해준다. 아마도 그렇게 되려고 해도, 여러 사건 때문에 일본·일본인에 대한 혐오감이 커지는 일이 많았다고 생각한다. 부임지 북해도에는 지금도 존경하고 소중하게 생각하는 사람이 적어도 두 사람이 있는 것 같다. 일본·일본인에 대한 분노와 신뢰하는 일본인 사이에 있으며 고뇌했던 것 같다. 나로서도, 그가 마음을 터놓을 수 있는 사람이 두 사람이나 있다는 것은 행운이었다. 그것이 없었다면 오늘 우리의 교우도 없었을 것이라고 생각한다.

다음 말이 그의 변화를 나타내는 말이라고 나는 생각한다. 그런데 하기의 일본인은 결코 내가 아니다. 그의 '기적적인(?) 퇴임'을 축하하는 파티에 참가했을 때, 권상은 다음과 같은 말을 했다. '일본인처럼 친절하자. 일본인처럼 정직하자. 일본인처럼 근면하자. 이것을 언제나 염두에 두고 인생을 살아왔습니다.'

그와의 끈질긴 인연은 이후로도 지속될 것이다. 나의 인생에서 한국인을 친구로 해서, 그것도 세계에서 제일 나쁜 친구가 생기리라고는 생각도 못해본 일이다. 지금부터도 서로가 하고 싶은 말은 하며 몸과 머리가 움직이는 한, 서로 악담과 잡언을 주고받고 싶다. 그리고 한강 이외의 곳에서, 예를 들자면 하와이에서 저녁놀을 바라보며 생맥주로 건배하고 싶다. 그것이 꿈이기도 하고, 실현 가능한 일이기도 할 것이다.

2011년 7월 29일

# 權五曄氏との悪しき交友

世界一の悪友 阿部俊之

韓国との付き合いは、今年で30年になる。それは我が悪友・権五曄氏(以下「権さん」と呼ばせていただく。)との交流の期間とほぼ一致する。(2011年8月で丸28年)

韓国との交流、それは、権さんとの交流でもあり、彼無くしては、今日までの韓国・韓国人との緊密な交流・ふれあいは無かったであろう。

30年前、日本において韓国は「近くて遠い国」と言われていたが、私にとっては「不透明で遠くて遠い国」であった。また、私の住む横浜では韓国のイメージは決して良いものではなかった。軍事独裁国家、不気味、怖い等のイメージが強く、特に、金大中拉致事件での在横浜韓国総領事館員の関与が大きく報道されたこと、そして、総領事館の窓口ロビーに某暴力団組長関係の団体の広報誌が堂々と置かれていた等がこうしたイメージを大きくし固定化していた。そうした中での私の韓国との関わり合いのスタートは単純なものであった。

当時、日本人の多くが中国ブームに乗り、猫も杓子も中国語を学ぼう、毛主席を学ぼう等無批判的に中国礼賛に染まっていた。国際交流促進事業に携わっていた私の同僚は、先進国や中国に関わる者が多く、特に中国関係の業務に従事する者は出世するとまで言われた頃であった。四人組全盛期、中国からの友好訪問団団長が歓迎レセプションで「我が国の歴史には侵略したという歴史は無い」の挨拶に、私は「チベットはどうなんだ、新疆ウィグルも‥」と隣にいた同僚に低い声で囁いた。

翌日、上司から呼ばれ、軽率な発言であったとして叱責され、これがきっかけで、短気な私は中国関係の仕事を外してもらった。そこで他のアジアの国を選ぶことにしたが、同僚の誰もが選択していなかったのが、唯一韓国であった。軍事独裁国家、KCIA監視下の国家という暗いイメージがそうさせていた時代でもあった。さらに、南北分断問題が重くのしかかり、韓国に関わることに誰しもが躊躇する時代でもあった。正直、私の心に戸惑いが無かった、と言えば嘘になる。

ある方の紹介で、横浜韓国教育院において韓国語を学ぶことにしたが、もし、韓国の愛国教育を強要され、KCIAの匂いを感じたら、どのような方法で辞めるか、抜け出すかについて真剣に考えた事も事実である。それが杞憂に終わったことは言うまでもない。しかし、私と韓国との長い交流を決定づける事件が起こった。

この事件が無ければ、私と韓国との関わり合いは「冬のソナタ」ブームにより触発された韓国交流と何ら変わるものではなかったであろうし、権さんとは出会うことが無かったであろう。

私の子供が通う小学校に於いて、所謂(いわゆる)「民族差別事件」なるものが起こった。

在日コリアン児童が担任の教師により差別的扱いを受けるという事件であった。学校側の初期対応の問題もあったが、本名を名乗れず、日本名(通名)で名乗らざるを得ない在日コリアンの環境を全く気付いていない、気付こうとしない学校側の体質も表面化し、問題を複雑化させていった。私は、何かできることはないかと韓国教育院に相談し、金栄完先生のご協力を得て、ソウル梅洞国民学校の生徒さんから絵画を送っていただき、その絵画展を神奈川県国際交流センターで開催した。後日、この絵画が私の子供が通っていた小学校を動かし、小学校内に「オリニ学級」を生むことにもなった。

これは、画期的なことであった。現在もその活動は続いている。また、在日コリアンが多く通う川崎市の公立小学校での展示会により、学校と在日コリアンや関係団体との間の長きにわたる「わだかまり」が解けた。小さな絵画展が、大きなウネリとなって地域社会を変え始めていた。「あの学校が韓国に関心を持っている」「韓国の子供たちの絵は素晴らしい」の声が地域に広まり、それまで通名(日本名)で学校に通っていた子供が、本名(韓国名)で学校に通う動きも出てきた。こうした動きが川崎市の行政をも動かすに至った。

この絵画展が好評であったため、第2弾としての行事を考えなければならなくなった。

そこで教育院を訪ねたところ、漫画を描く面白い先生が居るということで某新聞の記事を見せられた。それが、北海道・釧路韓国教育院に派遣されていた権さんであった。

早速電話した。とにかく横浜へ来ていただきたい、という思いが強く、一方的な、図々しい、単刀直入なお願いであった。

1個人開催であり、旅費、謝礼が無い。それでも来ていただけるか。講演(平家物語)もお願いしたい。漫画はコピーでも構わない。これを送付してほしい。そのコピーは返却はしない。

以上のこの申し出に、権さんは、何のコメントも加えず快諾した。「えっ！　これで本当に良いのか?」と、そこで自分の図々しい申し出を初めて認識する始末であった。

1983年8月20日、国際交流センター事務所の前で初めて出会った彼の笑顔を今でも鮮明に憶えている。初対面ではなく、旧知の友がやって来たという感じであった。漫画展も講演会も成功であった。

後日、神奈川県副知事も関心を持ち、時折、その漫画の内容を講演で披露することもあった。また、講演会に参加された日本人から、韓国人が日本古典文学を深く研究しているという賞賛と驚きの声が私の所に寄せられた。反日感情が強い韓国で、彼の身は安全なのかという真剣に心配する声さえもあった。まだまだ、韓国の情報が正しく伝わっていない時代でもあった。私が特に興味を持ったのは、彼の漫画「日本漫評記」の中で、権さんは反日思想の持ち主(当時私はそのように彼を観ていた。)でありながら「日本が好きになるように努力しています。(中略)西郷隆盛も板垣退助も今生き返ったら、一緒に杯を交わしながら親善を論ずるかも」と述べていた事であった。

何が、彼をそこまで変えていったのだろうか。

友好交流促進の業務を担当していた私にとって、それは何か大きな答えを与えてくれそうにも感じていた。当時は、業務のために彼を知りたい、という打算的側面があったことも否定できない。しかし、彼との付き合いが長くなったのはこの関心からではない。彼と付き合ううちに、私の韓国人のイメージの長所でもある「誠」「人情」「義理」を大事にする人間性を彼に感じたからであり、それは決して表面だけのものではないと感じたからであった。今も、そう信じている。それが彼に欠けていたならば、今、この文章を書くことにはならなかったであろう。

権さんとふたりで漢江を初めてじっくり見た時、大きな感動を覚えた。大都会の中で水を満々と溜め、静かに悠々と流れる幅の広い大きな川と言うより「河」であった。これは、横浜でも、故郷の秋田でも見たことのない風景であった。特に夕陽が沈む時の景色が好きであった。夕方になると、彼のアパートの近くの漢江の川岸を散歩し、川岸に座り、ビールや焼酎を飲み、様々なとりとめのない話を語り合ったものである。先ず、お互いを知ることから始まった。お互いの生い立ちや家族の事に始まり、やがて、学生気質、日韓コミュニケーションギャップの話に及び、時には日韓関係の政治問題も…。当初はお互いに気を遣い、遠慮していたが、やがて本音のぶつかり合いが始まり、激論になることもあった。

遠慮しつつも、時折見せるどうしても払しょくできない彼の日本への反感など垣間見ることができたのもこの頃であった。彼が日本・日本人に対する固定観念が、日本滞在によって大分溶解されたようであったが、芯の部分で強く残っていた頃でもあった。一方韓国について無知に近い(今でもそうであるが…)私の考えも感情にまかせた無茶苦茶なものであり、ふたりの論争(?)は、傍からみたら恐らく滑稽なものに見えたかもしれないが、その時はお互いに真剣であった。多分、世界で一番小さな日韓戦争であったに違いない。漢江の川岸は広い。大きな声でも誰に迷惑がかかる訳ではない。酒が進むうちに、声は次第に大きくなっていったが、不快な論争には一度もならないばかりか、信頼関係が逆に増していった。

1989年、初めて大田駅に降りた。学生が駅まで迎えに行っているとの彼の話であった。

改札口を出て、学生は何処にいるかと見渡したが、らしき姿が見えない。私には先入観があった。彼の教え子は「男である」という…。右手に並んでいる若い女性のグループの列を通り過ぎたが、そこに横断幕に日本語を見たような気がして振り向いた。

横断幕には、私の名前が書かれていた。即座に思ったものである。まさか、彼の教え子は「お・ん・な…?」学生たちも先入観を持っていた。私が公務員であると聞いていたので、背広にネクタイ、そしてメガネをかけている。ちなみに私の服装は、ジーンズにノーネクタイにサングラス。お互いに全く想像外の人物像であり気付かなかった訳である。

彼女たちの大多数の親は心の中では、日本文学を学ぶことに快く思っていないことを知るのに時間はかからなかった。また、当時は日本人との接触、日本を直に体験するという機会にも恵まれず、日本人観も実態とはかけ離れたものが多く、日本人の多様性を知ってもらう機会が必要であると感じたものである。権さんも自らの体験からその必要性を感じていたのであろう、私に学生が日本人家庭での体験ができないかの相談を持ちかけた。

単純な私は「ケンチャナヨ」と即座に答えた。しかし、そう言ってはみたものの、日本人家庭が韓国人学生をどう受け入れるのか、受け入れてくれるのか、むしろ、そちらの問題の方が私には気がかりになっていた。

当時、日本人のホストファミリーの多くは欧米人、それも白人を受け入れる傾向が強く、こうした傾向を打破するためにも、学生を選抜してもらう必要があった。

一方で私にはもう一つの懸念があった。それは、韓国人を快く受け入れてくれる家庭があるか、それも富裕層ではない、ごく普通の日本人家庭で…。さらに、受け入れ家庭の数も心配であり、受け入れの学生の数も数人に限定してもらった。帰国後、友人に相談した。

ホストファミリーは、ごく何処にでも居る平凡な日本人家庭であること。生活体験であり、客扱いはしない。観光案内は、最小限にとどめる。

ただし、日本を訪れる学生が最も関心が高いであろう観光(東京ディズニーランド)は、私が引き受ける。この条件で友人に募集を頼んだ。数日でホストファミリーが集まった。その殆どは韓国人を受け入れたことも無ければ、外国人を受け入れた経験も無い家庭であった。

1989年初夏にそれは実現した。学生たちをホストファミリーに引き渡した時の学生の不安そうな表情と帰国前日ホストファミリーとの別れの時の学生の表情は大きく違っていた。

お互いに涙を流しての別れであった。彼女(第1回目の参加者は全員女性)たちは、日本と日本人観が変わったと異口同音に声をはずませて私に話してくれた。同時に韓国の良さも再認識したようであった。もちろん社交辞令もあったかもしれないが、何かが変わったことは事実であった。この最初の試みは大成功であった。

翌年から、好評であったため、学生の受け入れ数を増やした。ホストファミリーの募集には何の苦労もなくなった。むしろ、断るのに苦労したほどであった。このことから、異文化交流を進展させる第1歩は、先ずお互いに「良いところ」だけを直接観ていただく事ではないかと考えた。その考えは、今もって変わっていない。何よりも、権さんと私とのこれまでの交流がそれを如実に証明している。口の悪い友人は、我々ふたりの交流を観る限りは、それは逆だろうと言うが…。

1989年に初めて大田駅に降りた時、懐かしい泥臭さを感じたものである。建物は古く、人間臭さに溢れていた。一瞬、1963年に初めて横浜に着いた日の事が蘇ったものである。横浜の市街地は、日本で最も戦後の復興が遅れていた街であり、その猥雑さが繁華街に色濃く残っていた。それを思い出したのである。大田駅周辺の中心部を離れると、道路は狭く、曲がりくねり、バスはバウンドした。至るところで工事中、工事中の状態であった。バスの中では、今も変わらないが、運転士お気に入りの韓国歌謡曲が流れていた。そうしたことが、私にはたまらなく心ウキウキさせるものであった。やがて、道路は整備され、広く真っ直ぐになり、無機質なものに変わっていった。権さんが間借りしていた畑の中の農家も消え、大型高級アパートが立ち並んだ。多くの農地も消えた。そして、地下鉄の開通により、景観の変わりが確認できなくなってしまった。韓国で一番の変貌をみせたのは大田であろう。

初めて訪れた時、学生が歌ってくれた思い出の曲の　「大田ブルース」の面影は消え去ろうとしている。しかし、権さんは、少なくとも変わらないように私には見える。外見に相変わらずスマートさは見えないし、教授になっても、権さんは権さんであり続け、学問を追及する情熱と、それが基での激情や容赦ない発言も変わっていない。公務員社会の裏と表の建前がまかり通る環境で生きてきた私は、一応口では彼をなだめるが、正直、かなりいい加減になだめていた。

50歳を過ぎての日本・東京大学で博士号の取得は、それも容赦なく罵倒して指導したであろう最も厳しい教授の下で、口惜しさで怒り、泣き、何度もあきらめかけた権さんであった。冗談で「何度もダメ押しをされれば何度も日本で会えるので、それも結構ではないか。」と言ったものだが、時には正視できないほど打ちのめされていた事もあった。そうした屈辱、悔しさを乗り越えての博士号であった。博士号は単なる資格ではない。その資格を基に次へ進むバネにすぎない、と私は思っている。彼は、今も次に向かって進んでいるように私には見える。

他人を利用するだけで、不利となると人を欺くことを何とも感じない人間をあからさまに嫌悪感を持ち、軽蔑し、義理と人情を大事にする純な人間臭さと正直さが、知り合った頃と全く変わらず残っていると私は感じている。それが、彼と私を結び付けている大きな絆だと思っている。

母と姉を伴って韓国を訪れた。母とは最後の旅行であった。母には権さんのことは以前から話しており、会うのを楽しみしていた。大田駅に彼が車で迎えに来てくれた。車の中で、「権さんとはいつ会える?」と母が聞いたので「この運転している方がそうですよ」と言うと本当に驚いた表情をした。母には、大学教授、それも韓国の大学教授のイメージとは大きく違ったらしい。彼の接待には大きく感謝し、韓国人へのイメージも大きく変わったようであった。帰国後、故郷である秋田の近所の人に権さんの事を話すと、話半分に聞いたらしい。私が事実であることを話すと、母と同じような反応が返ってきた。母は、権さんが故郷秋田を訪れることを心待ちしていたが、2009年10月満87歳で、横浜で永眠した。2011年1月、権さんと私は母が案内したいと言っていた故郷の秋田を訪れた。母の願いをようやく叶えることができた。

「万葉集」を読み、こんな美しい詩を詠む日本人とは何であろう、から始まった日本への関心。そして「日本が好きになって帰って来よう。」の考えで来日した権さん。これは、彼が反日感情を持った普通の韓国人であったことを物語っている。恐らく、そのようになろうとしても、様々な出来事により、逆に日本・日本人への嫌悪感が増すことが多々あったと思う。赴任先の北海道では、今でも尊敬し、大事にしている日本人が少なくとも2人いるようだ。日本・日本人への怒りと信頼する日本人との狭間にあり、苦悩したことであろう。私にとって、彼に少なくとも2人の心許せる日本人ができたことは幸運であった。それが無かったならば、今日の我々の交友は無かったと思う。

次の言葉が彼の変化を示す言葉であると私は思っている。なお、下記日本人は私ではない。決して…「奇跡的な(?)退官」を祝すパーティーの中の挨拶で、次のような言葉を権さんは述べた。1日本人のように「親切」であれ 2日本人のように「正直」であれ 3日本人のように

「勤勉」であれ，これらを いつも念頭に入れ これまでの人生を生きてきた。

彼との腐れ縁は、お互いにこれからも続くであろう。私の人生で、韓国人を友人として、それも世界一の悪友ができるとは思ってもみなかったことである。これからも、言いたいことを言い合って、体と頭脳が動く限り、お互いに悪口雑言を言い合いたい。そして、漢江以外の地で、例えばハワイで夕陽を眺めて、生ビールで乾杯したい。それが 夢でもあるし、実現可能なことでもあろう。

2011年7月29日

## 일본과 일본제국

나는 산골에 살면서 만화가가 되겠다는 꿈을 꾸었다. 마라톤 선수가 되겠다며 뛰어다니던 내가 만화를 본 다음에, 재능도 생각하지 않고 생각을 바꾼 것이다. 그랬던 내가 30대 후반인 1981년에, 민족교육을 한다며 일본에 파견되었다. 동경은 물론 나의 부임지 쿠시로는 풍요로웠다. 특히 밤의 거리는 매혹적이었다.

일본어가 능숙하지 못한 나에게 "한국에는 그렇게도 인재가 없습니까"라는 말도 들었지만 변명도 못했다. 의사소통이 어느 정도 가능하자 일을 찾아 이곳저곳을 열심히 찾아다녔다.

평화로웠으나 나의 사무실에는 아직도 전쟁의 흔적이 그대로 나뒹굴고 있었다. 출입하는 사람 대부분이 그 희생자이면서도 언급을 피하며 운명으로 받아들이고 있었다. 그래도 고국사람들보다는 풍족하다는 현실을 다행으로 여기는 것 같았다. 그들의 힘이 되기 위해서 파견된 나였으나 어떤 일도 할 수 없었다.

기껏해야 한글을 가르치며 편지를 대필하는 정도였는데, 그것 역시 심각한 둔제를 안고 있었다. 군인들이 민간인을 학살하는 영상을 본 사람들은 야만의 언어라고 비아냥거렸다. 편지의 대필은 두 가지 면에서 화나는 일이었다. 편지도 못 쓸 정도로 면학의 기회를 빼앗은 역사에 화가 나고, 구걸하는 편지를 보내는 고국친지들의 행태에 화가 났다

나는 일본 공무원의 친절을 경험하며, 부정을 범하고도 그것을 의식도 하지 못했던 과거를 반성하고, 정직한 인생을 결심하지 않을 수

없었다. 그 결심이 나를 어렵게 할 줄은 몰랐다. 친절한 그들이었지만 동포들의 애환에는 관심이 없었다. 역사의 폭력에 대해서도 다른 인식을 하고 있었다. 어쩔 수 없는 상황의 산물 정도로 여기고 있었다.

무엇인가는 해야 한다는 생각에서 만평을 그리고 신문에 투고했다. 마침 일본이 국제화를 지향하는 시기였기 때문인지, 많이 소개되었다. 후에는 그것을 모아 전시회를 열고 책으로 정리하기도 했다. 언론들도 신기했는지 많이 소개해주어, 일단 나의 생각을 일본사회에 호소할 수는 있었다. 좋은 작품이라는 말을 들으면 나의 생각이 인정받은 것으로 착각하기도 했다.

만화전은 많은 변화를 주었는데, 대표적인 것이 아베 상과 같은 친구를 만난 일이었다. 그의 주선으로 요코하마에서 전시회를 가진 것을 계기로 여러 곳에서 나의 일본관, 동포의 애환 등을 피로할 수 있었다. 그렇게 해서 시작된 그와의 교류는 일방적이었다. 그는 선천적으로 친절하고 능력이 좋은 사람이라 어떤 것을 부탁해도 해결의 방법을 알려주었다. 일단 만화로 나의 사고도 이야기했다는 안도감에서 그의 조국에 대한 불만도 서슴없이 말했다. 그런데도 항상 격려하는 이야기를 해주어, 결국에는 아베 상 의존증에 걸리고 말았다.

정직한 삶을 결심했으나 그것의 실행은 참으로 어려운 일이었다. 그것이 사회관습과 일치하지 않을 경우는 많은 갈등을 유발시켜, 나는 문제아로 전락되고 만다. 왕따는 학생사회에만 있는 것은 아니다. 나고야 총영사의 음해를 받은 일도 있다. 국가권력이 얼마나 음습한가를 절감하며 분루를 삼키고 있을 때, 아베 상이 전화를 주었는데, 그날 밤에는, 나의 목소리가 이상했다며, 나고야에 불현듯 나타났다. 얼마나 위로가 되었는지, 지금 생각해도 고마운 일이었다.

부족함을 메우기 위한 면학은 항상 의식하고 있었기 때문에, 무리하여 북해도대학원에 진학하고 동경대학에서 논문도 발표하게 되었다. 문학작품과 고문서가 전하는 내용을 통해 일본과 한국의 천하사상을 정리하는 면학이었다. 자국을 천하의 중심으로 여기는 사고가 자국의 이익을 우선하여, 인국의 이익까지도 침탈한다는 것은 일반적인 사실이라는 것을 확인하는 계기였다. 나의 면학은 학생이 아닌, 생활의 일환으로 이루어졌기 때문에 많은 사람에게 폐를 끼치면서 이루어졌다. 그러면서도 형태에 비해 내용은 여전히 미숙했다. 그런 상황에서 코우노시 선생을 만나게 된 것은 큰 행운이었다.

40대 후반에 치바에 거주하는 기회가 있어, 동경대학의 코우노시 선생을 여러 번 찾아가 지도를 부탁드렸으나 냉정하게 거절하셨다. 그래도 부탁드려 허가는 받았는데, 선생님은 나를 어린애 취급을 했다. 학부 수준도 안 된다며 야단치는 일은 보통이었다. 3개월에 걸쳐 수정한 논문을 던져버리는 일도, 1년 동안 만나주시지도 않는 일도 있었다. 덕택으로 많이 고민하며 많이 써댔다. 그렇게 7년을 야단맞은 후에 논문을 발표할 수 있었다.

대부분의 일본 교수들은 연구에 열심인 것 같다. 퇴임 후에도 연구를 계속하는 것이 가장 큰 행복이라고 말하는 분들이 많다. 환갑 전에 학문을 놓고 경제활동에 참여하는 것을 자랑으로 여기는 친구들과는 다르다. 일본 교수들은 유학생을 무보수의 활동에 동원하거나, 지도를 빙자하여 경제적 부담을 주는 일은 하지 않는다. 그런데 그 교수의 지도를 받고 귀국한 유학생이 교수가 되면, 학문보다 예의를 우선한다. 대접받는 것은 당연한 일이고 지도를 빙자하는 주연까지 즐기며, 그것이 한국의 아름다운 예의란다. 물론 나도 그런 관습에 동참한 일이 있다.

나의 일본에서의 면학은 일본의 본질을 찾는 구도의 길이었다. 그것이 한국을 기점으로 하는 일이기에 이중적일 수밖에 없었다. 사람들은 친절하고 내가 추구하는 사실을 그들이 인식하는 내용과 달라, 그것을 같이 이야기하는 일은, 그들과의 교류를 파탄시키는 일이 되기 때문이다. 시도해본 일도 있었지만, 인식의 차가 너무 커 위험했다.

독도문제에 관여하며 일본논리에 놀라는 일이 많은데 그보다 더 놀라운 것은 우리 학자들의 안일함이다. 일본논리의 반박에 여념이 없어서인지, 기존논리를 재탕하는 틀을 깨지 못한다. 새로운 것이 없고, 새로운 논리에 관심도 없다. 그래도 말은 잘한다. 일본에 비해 인력과 예산이 부족하다는 말들을 하는데, 내가 보기에는 그 반대일 것 같다.

나는 일본 친구도 많고 일본 여행도 자주 하는 편이다. 그런데도 사람들은 나를 반일적이라고 한다. 또 친일적이라고 매도당하는 일도 있다. 나의 강의가 친일적이라며 항의받은 일이 있는가 하면, 합리적인 일본을 설명하다 '일본놈 다 되었네'라는 말을 듣기도 한다. 이렇게 극단적으로 평가받는 나를 어떻게 정립해 나가야 할 것인지를 많이 고민하고 있다.

좋은 친구가 되기 위해서는 동등한 능력을 구비해야 된다. 그렇지 않으면 결국은 굴종의 관계일 수밖에 없다. 나는 동등해지고 싶다. 치바에 살 때의 일이다. 전철 속에서 노인을 구타하는 젊은이가 있어, 나도 모르게 발길질을 한 일이 있다. 강자의 횡포에 대한 분노였다. 내가 반일적으로 보인다면, 그것은 일본제국에 대한 분노이지, 일본인들에 대한 불만일 수는 없다. 나는 일본과의 우호친선을 염원하고 그런 일을 해왔다. 일본 고문서를 읽는 것도 그것의 일환이다.

2012년 6월 24일

우산봉 자락에서 권오엽

## 日本と日本帝國

山村に住んでいた私は漫画家を夢見ていた。それまでマラソン選手を目指して走り回っていた私が漫画を見て、才能も考えず考えを変えたのである。そうであった私が、三十代後半になる1981年に民族教育をするという理由をもって、日本に派遣された。東京は勿論、赴任地である釧路は豊かであった。特に、夜の街は魅惑的であった。

日本語が未熟である私に、「韓国にはそんなに人材がいないか。」と云われたこともあったが、弁解もできなかった。ある程度会話ができるようになってからは、あっちこっちを熱心に尋ね回った。

平和であったが、私の事務室には、なお戦争の痕跡がそのまま転がっていた。出入りする殆どの方々がその犠牲者であるのに言及を回避しながら運命と受け入れていた。でも故国の人らよりは豊である現実を幸いと見ているらしい。彼らの力になるため派遣された私であったが、何にもできなかった。

精々韓国語を講義しながら手紙を代筆することであったが、それも深刻な問題を抱えていた。軍人らが民間人を虐殺する映像を見た人らは「野蛮の言語」と嘲笑していた。代筆は二つの点で怒られることであった。手紙も書けないよう勉学の機会を奪った歴史に怒られ、求乞する手紙を送る故国親戚たちの振る舞いに怒らざるを得なかった。

私は日本の公務員の親切を経験しながら、不正を犯して意識もしていなかった過去を反省し、正直な人生を決心しないではいられなかった。その決心が私を苦しめるとは知らなかった。親切な彼らであったが在日同胞の哀患には関心がなかった。歴史の暴力にも認識を異にした。どうしようもない状況の産物程度に看做していた。

何かをしなければならないという思いで漫評を描き新聞に投稿した。時折、日本が国際化を志向する時期であったので多く紹介された。後にはそれを集め展示会を開き、本に纏めたりした。言論も関心を持って紹介してくれ、一応私の思考を日本社会に訴えできた。良い作品だと褒められると、私の思考が認められたことと錯覚をもした。

特に漫画展は多くの変化をもたらしたが、代表的なことが阿部さんのような友人にめぐり合った事であった。彼の取次ぎで横浜にて展示することを切っ掛けにして多くの所で私の日本観、在日同胞の哀患を披露できた。そのようにして始まった彼との交流は一方的であった。彼は先天的に親切で能力ある人で、何を相談しても解決の方法を教えてくれた。一応、漫画で私が考えていることをも語ったという安心感から、彼の祖国に対する不満も遠慮なしに言っていた。なのにもかかわらず何時も激励の言葉をかけてくれ、結局は阿部様依存症にかかったというふうになってしまった。

正直な生活を決心したがその実行は本当に難しいことであった。それが社会慣習と一致しない場合は多くの葛藤を起こさせ、私は問題児に転落してしまった。苛めは学生社会だけに存在するのではない。名古屋総領事に陰謀をはかられたこともある。国家権力がこれほどまで汚いのかを実感しながら悔し涙を流していた時、阿部さんからの電話があったにもかかわらず、その夜、電話の声が変だったと云いながら、横浜の阿部さんが名古屋に現れた。本当に慰められ、今考えても有難いことであった。

足りない点を埋めるための勉学は常に意識していたので、無理して北海道大学院に進学し、東京大学で論文も発表するようになった。文学作品と古文書が伝える内容を分析して日本と韓国の天下思想を整理する勉学であった。自国を天下の中心と看做す思考が自国の利益を優先して、隣国の利益まで侵奪するということは一般的事実であるということを確認する契機であった。

私の勉学は学生ではなく、生活の一環として行われたので多くの方々にお世話になりながら進められた。そうしながらも形態に比べ内容は相変わらず未熟であった。そういう状況の中で神野志先生に指導を受けたのは幸運であった。

四十代後半には千葉に居住する機会があり、東京大学の神野志先生を何回も伺い、ご指導をお願いしたが、冷静に断わられた。それでもお願い申し上げようやく許可を得た。その後私はまるで小学生のように扱われた。学部生の水準にもなっていないと怒鳴り付けられるのは普通のことであった。三箇月かけて修正した論文を投げ付けられたことも、一年中会ってくれないこともあった。お蔭様で思う存分悩み、思う存分書いては捨てた。そのようにして七年間にわたり叱られ続けた挙げ句、ようやく論文発表をすることができた。

日本の教授の多くは研究熱心だそうだ。退官後も研究を続けられることが最大の幸せであると言っている人も多い。還暦の前に学問を諦め、経済活動に参加することを自慢に思う同僚たちとは違う。

日本の教授らは留学生を報酬のない活動に動員したり、指導を言い訳にして経済的負担をかけることはしない。ところで留学生が帰国して教授になると、学問より礼儀を優先する。ご馳走になるのは当然のことで、指導を言い訳にして酒宴まで楽しみながら、それが韓国の美しい礼儀だと褒めたてる。もちろん、私もその面では同じであった。

私の日本での勉学は日本の本質を求めるための求道の道程であった。それが韓国を起点にしていることで二重的になるしかなかった。人々は親切であるし、私が追求する事実は彼らが認識していることと違い、それを一緒に語り合うことは、彼らとの交流を破綻させる心配があるからだ。試したこともあったが、認識の差が大きくて、あまりにも危なかった。

独島問題に関与しながら、日本の論理に驚くことが多かったが、それより驚いたことは、我が学者等の安逸な考え方である。日本論理の反駁に余念がないせいか既存論理を再考する枠を破れない。新しいこともしないし、新しい論理に対する関心もない。でも口はうまい。日本に比して人力や予算が不足だと言っているようだが、私が見るにはその反対だ。

私には日本の友人もいるし、日本旅行もよくやるほうである。それなのに人は私を反日的だとも言っている。また親日的だとも言われることもある。私の講義が親日的だと言われたことがあり、日本の合理的制度などを説明すると、「あなたはもう日本人だ。」とも罵られたこともあった。このように極端に評価される私自身をどう定義するかに戸惑わされる。

良い友人になるためには、対等な能力を備えるべきである。そうでなければ屈従関係になるしかない。私は対等になりたい。千葉に住んだときのことである。電車の中で老人に暴力を振るう若者があり、私は私も知らないうち蹴飛ばしたことがある。強者の横暴に対する怒りであっただろう。私が反日的に見えたなら、それは日本帝国に対するものであって、日本人にたいする不満であるはずがない。私は日本との友好親善を心から願い、そのようなことをしてきたのだと思う。日本の古文書を読むのもその一環である。

2012年6月24日

于山峰麓にて権五曄

# 第四部(竹嶋記事四)

天龍院公御日記

○丙子元禄九年七月廿四日

一今朝御用之上書ニ相認阿部豊後守殿ニ大浦
忠左衛門持参いたし大久保加賀守殿ニも同断持参ニ付
於此方之義書上一通ツヽ御老中へ上ケ候処
忠左衛門豊後守殿ニ而右御書付御受取被成
御返答申付御渡被成候

一豊後守殿七月十日加賀守殿権八を以御尋之御紙面
委細ニ被仰聞候付同廿二日

## 【大綱四一段(元祿九年七月②】

(41-00)

○ 丙子元禄九年七月廿四日　天竜院公思召之趣御口上書ニ相認阿部豊後守様ニ大浦忠左衛門持参いたし大久保加賀守様江者御留守居鈴木半兵衛参上一通り御届申上候所即晩忠左衛門儀豊後守様江被召呼御直ニ御返答被仰聞御書付御渡被成也

## 【大綱四一段(元祿九年七月②)】

(41-00)

○ 丙子の年である元禄九年、その七月二十四日[のことである。]天竜院公のお考えの趣旨を口上書にしたため、阿部豊後守様へは大浦忠左衛門が持参し、大久保加賀守様へは御留守居の鈴木半兵衛が持参し、一通り[その内容について]御届け申し上げた。すると即その晩、忠左衛門は豊後守様へ召し呼ばれ、直接、御返答を仰せ聞かされた。そして[その返答の]御書付を渡された。

## 【대강 41단(겐로쿠 9년 7월 ②)】

(41-00)

○ 병자년인 겐로쿠 9년 7월 24일[의 일이다.] 텐류우인 공이 생각

하시는 취지를 구상서로 기록하여 아베 분고노카미사마에게는 오오우라 타다자에몬이 지참하고, 오오쿠보 카가노카미사마에게는 오루스이 스즈키 한베에가 지참하여, 대충 [그 내용에 대한] 말씀을 드렸습니다. 그러자 바로 그날 밤에 타다자에몬은 분고노카미사마에게 불려가, 직접 답을 들었습니다. 그리고 [답하는] 서부를 받았습니다.

一 是ゟ去七月十日鈴木権八渡海覚書之

委細之儀録ニ付 同日之留

(41-01)

〃足より前七月十日賀嶋権八江戸参着御国より委細被仰越候付同廿三日

(41-01)

〃足より前の七月十日[御国を出発した]賀嶋権八が同二十三日、江戸に参着した。そして御国から[の意向を、江戸の対馬藩邸に]委細に伝えてきた。

(41-01)

〃그 이전인 7월 10일에 [나라를 출발한 카시마 곤하치]가 7월 23일에 에도에 도착했다. 그리고 나라의 [의향을 에도 쓰시마번저에] 자세히 전해왔다.

天龍院公思召之趣 大浦忠左衛門ニ被仰上
書之相認候處後ニ被仰候ハ 今年之使者ニ
長留メ置候 天龍院公自ら以筆
以被仰遣候ニ付上ニ而入候ハ 朝鮮人之以国禁
申候段渡海仕付旨之者不可有御座候
大久保加賀守様江被御伺候処御渡被成候旨
而元禄無之処其間二人侍一人依覚
一人差越候以使申越候我史刑部大浦
存寄之趣申越候以使可上差ニ付深秘

天竜院公思召之趣大浦忠左衛門御口上書ニ相認豊後守様江参上三沢吉左衛門長屋江罷越　天竜院公より之御自筆之御状差出口上ニ申入候ハ朝鮮人先頃因幡国江致渡海候付通詞之者可差越旨大久保加賀守様より次郎方江被仰渡候趣国元江申遣候処通詞二人侍一人佑筆一人差越之候由申越候就夫刑部大輔存寄之趣申越候付口上書ニ仕致持

[この賀嶋権八がもたらした]天竜院公のお考えの趣旨を、大浦忠左衛門が御口上書にしたため[それを持参し]豊後守様方へ参上した。三沢吉左衛門[の住む]長屋へ罷し越し、天竜院公からの御自筆の御状を差し出し[併せて]口上にて申し入れを行った。すなわち、朝鮮人が先頃、因幡国へ渡海したので、通詞の者を[因幡へ]差し遣わすよう、そのような趣旨[の御命令]が大久保加賀守様から次郎方へ参った。その趣旨を[早速]国元へ申し遣した処、通詞二人、侍一人、佑筆一人を[因州へ]差し向けるとの由を[こちら江戸藩邸に]申し伝えて来た。その事に就いて[国元からの使者は]刑部大輔の考える趣旨を、また申し伝えてきた。それを口上書にしたため[こうして]持

[이 카지마 곤하치가 가져온] 텐류우인 공이 생각하는 취지를 오오우라 타다자에몬이 구상서로 기록하여 [그것을 지참하고] 분고노카미사마가 계시는 곳으로 찾아뵈었다. 미사와 요시자에몬[이 사는] 연립주택에 가서, 텐류우인 공이 자필로 쓴 서장을 제출하고 [같이] 구상으로 설명하여 드렸다. 즉 조선인이 얼마 전에 이나바노쿠니에 도해했기 때문에, 통역하는 자를 [이나바에] 보내도록 하라는, 그와 같은 취지[의 명령을] 오오쿠보 카가노카미사마가 지로우에게 보냈다. 그

취지를 [서둘러] 국원에 전했더니, 통사 2인, 사무라이 1인, 유우히쓰 1인을 [이나바에] 보내라는 내용을 [이쪽 에도한테이에] 전해왔다. 그 일에 대해 [국원의 사자는] 교우부 타이후가 생각하는 취지를, 다시 전해왔다. 그것을 구상서로 적어서 [이렇게] 지

条々文章等從前之義申成候旨無異義
無之事ニ候処ニ付被仰候ニ付申達候処
書し趣口上ニて右之儀一座り申達候得共
差出吉左候へ共忠左候也出し被仰入候
来事交之際古来様子有之對州
一旦之事仕来之儀仕来候成
修之筆ニ而延之古法を致
對州之歴代書ニ而御書ニ付
之座之式候ニ付何方之

参候文章等得御差図申度候間思召寄無御遠慮被仰聞被下候様ニ申達御口上書之趣口上ニ而茂一通り申達御口上書差出吉左衛門江忠左衛門咄之様ニ申入候ハ両国通交之儀者古来より様子有之対州一手より通用仕外之筋より通用仕たる儀終ニ無之事ニ候然処今度古法を破り対州江不申届他国江罷渡り直ニ訴候談不届之至ニ候此度之訴詔何方ニ而

参を致した。しかし、この文章などの[善し悪しについて]御差図を得たいので[貴殿の]お考えにある事を、御遠慮無くお聞かせ下さいと、そのように[吉左衛門に]申し伝えた。そして御口上書の趣旨を、口上にても一通り申し伝え、この御口上書を吉左衛門へ差し出した。忠左衛門が咄しの様にして申し入れたのは[日本と朝鮮との]両国通交の事は、古来よりの仕来りが有り、対州の一手に、その通用は仕されている。それ以外の筋から通用を仕るような事は[これまで]ついぞ無かった。そのような処に、今度、そのような古法を破り、対州へ申し届けず、他国へ罷り渡り[そちらから]直に訴えをするような事が[持ち上がった。これは]不届きの至りである。それゆえ此の度の[朝鮮人の]訴訟を、どのような方式

참했습니다. 그러나 이 문장 등의 [선악에 대해] 가르침을 받고 싶으니, [귀하가] 생각하시는 것을 거리낌 없이 말씀해 주세요 라고, 그렇게 [요시자에몬에게] 말씀드렸다. 그리고 구상서의 취지를 구상으로도 대강을 말씀드리고, 이 구상서를 요시자에몬에게 제출했다. 타다자에몬이 말한 것처럼 해서 말씀드린 것은 [일본과 조선] 양국의 통교는 옛날부터 관습적으로, 타이슈우가 독점하여, 그 일을 담당하고 있다. 그 이외의 곳에서 그것을 맡아서 하는 일은 [지금까지] 한 번도 없었다. 그런데 이번에 그러한 고법을 깨고, 타이슈우에 알리지 않고 타국에 건너가 [그곳에서] 직접 소송하는 것과 같은 일을 [했다. 이것은] 크게 잘못된 일이다. 그래서 이번 [조선인의] 소송을 어떤 방식

被見候処上ニ成候ハて不叶義ニ　存候ハ
内ニ今少被成候迄ニ被抱置候ニ付其上
刑部大輔ニ而役ニ仰付無之ニ付様も可有之
事ニ候ハ難渋ニも可有之と存候処ニ依
何事も被成上ニて抱也ニ帰国之例ニ付
差遣候処其方陸ヨリも罷渡候て長崎ニ
ニ送を彼地ニても漂民　送候ニ
ニ而兼刑部大輔方ニ而公儀一ニ厳敷候得と
筋目相立可申候様ニも候ハ可被存其旨

成共御取上被成候ハヽ已来共ニ公儀江御六ケ敷儀御聞被遊如何ニ奉存候其上刑部大輔ニ御役被仰付置候規模も無之事ニ候願者法を背たる者ニ候間不依何事御取上不被遊由被仰聞因州より被差返候儀若御障りも御座候ハヽ長崎江被送遣彼地ニ而者漂民定例之通ニ被成刑部大輔方江御渡し被成候得者筋目相立已来迄之儀可然奉存候両国

であろうと、それを御取り上げに成られたなら、将来に亘り公儀にとり、御難しい事を聞き入れてしまったとなる。これは果たして如何なものでござろうか。その上[公儀は]刑部大輔に[朝鮮担当の]御役を仰せ付けておられる。これは、この[御命令]を無いがしろにする事にもなる。[この度、訴訟を]願い出た者は、法に背いた者であり、何事に依らず[そのような者の訴えは]御取り上げなさらぬ事になっている。その由を、お伝え下さり、因州から[直接、朝鮮へ彼の者どもを]差し返されるのが[宜しいかと思う。]そのような事に、もし差し障りがあれば、長崎へ回送なさっては如何であろう。彼の地では[彼の者どもは]漂民として、定例の通りに扱われる。そして刑部大輔方へ御渡しに成られたならば[そのまま朝鮮へ送り届ける事になり]筋目も相立つ。将来に亘る前例としても、おかしくは無い。[日本と朝鮮]両国

이건 간에, 그것을 취급하시게 되면, 장래에도 장군에게, 부탁하여 어려운 일을 해결했다는 일이 되고 만다. 그것은 과연 어떠한 일일까요. 그리고 [장군은] 교우부 타이후에게 [조선 담당의] 역할을 명하여 두고 계십니다. 이것은 이 [명령]을 무시하는 일이 된다. [이번에 소송을] 제기한 자는 법을 어긴 자이므로, 어떤 일이 되었건 [그러한 자의 소송은] 취급하지 않는 것으로 되어있다. 그 취지를 전하여, 인슈우에서 [바로, 그들을 조선으로] 돌려보내는 것이 [좋을 것이라고 생각한다.] 그와 같은 일에, 혹시 문제가 있으면, 나가사키에 회송하시면 어떨까요. 그곳에서 [그자들은] 표민으로 해서, 정례에 따라 취급된다. 그리고 교우부 타이후 측에 건네주시면 [그대로 조선으로 돌려보내게 되어] 조리에도 맞는다. 장래의 전례로서도 이상하지 않다. [일본과 조선] 양국

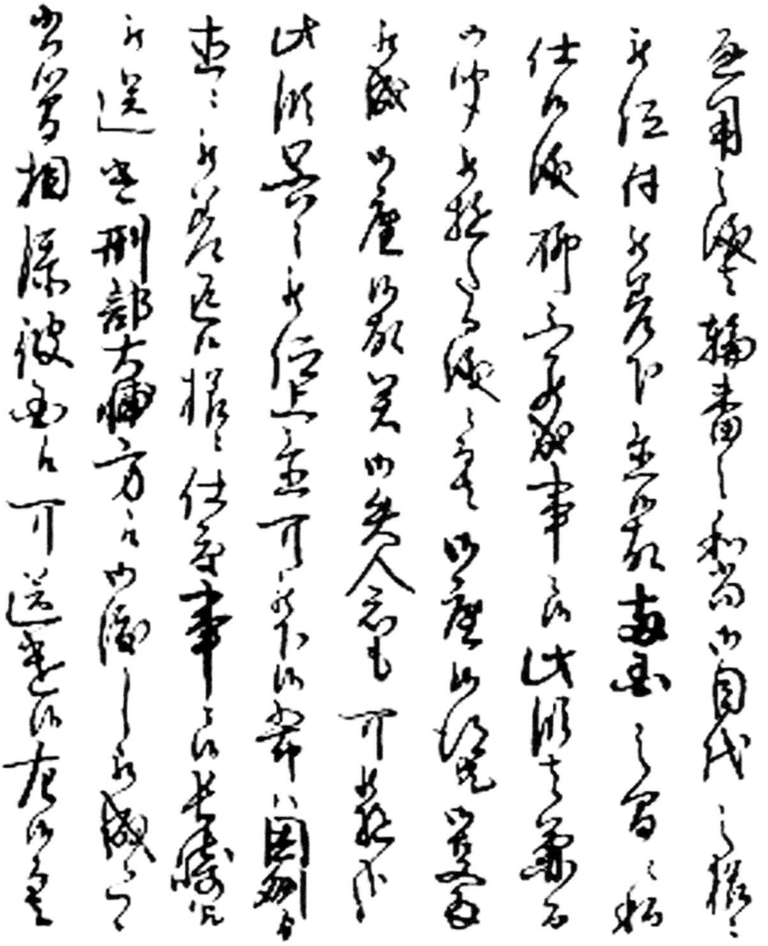

通用之儀者輪番之和尚御目代之様ニ被仰付被差下置候故両国之間ニ私仕候儀聊不罷成事ニ候此段者兼而御聞被遊たる儀ニ而者御座候得共御事多被成御座候故若御失念も可被遊哉此段呉々被仰上置可被下候希ハ因州より直ニ被差返候様ニ仕度事ニ候長崎江被送遣刑部大輔方江御渡し被成候ハヽ書簡相添彼国江可送遣候左候而者

通用の事は[対馬に在住する以酊庵(いていあん)の]輪番の和尚が、御目代(おもくだい)の様にして[その御役目を公儀から]仰せ付けられ、差し下されている。そのため[制度上から言っても]両国の間に対州が介在し、私的に取り仕切るような事は、いささかも罷り成らぬ事になっている。この事は兼ねてから御聞きになっておられる事であるが、多事の中で取り紛れ、もしや御失念にもと思い[こうして触れさせていただいた。]この事は、呉々も[豊後守様へ]御報告なさっていただきたい。[こちらの]希望は[朝鮮人の訴訟を、お取り上げにならず]因州から直ちに[その本国の朝鮮へ彼らを]差し返されるよう[公儀から御指示を]下していただきたい事である。[あるいは彼らを]長崎へ送り遣わし、刑部大輔方へ御渡しに成られるのであれば[対州は]書簡を相添え、彼の国へ送り返す所存である。そうなれば

통용의 일은 [쓰시마에 주재하는 이테이안의] 윤번 화상이 모쿠다이(대리)가 되어 [그 역할을 수행할 것을 장군한테] 명받고 내려와 계십니다. 그래서 [제도상으로 말해도] 양국의 사이에 타이슈우가 개재하여, 사적으로 결정하는 것과 같은 일은, 조금도 할 수 없게 되어 있습니다. 이 일은 전부터 듣고 계시는 일입니다만, 바쁘신 가운데 혼동하여, 혹시라도 잊으신 것은 아닌가 라고 생각하고 [이렇게 언급하여 드리게 되었습니다.] 이 일은 어떻게든 [분고노카미사마에게] 보고하여 주셨으면 합니다. [이쪽에서] 희망하는 것은 [조선인의 소송을 취급하지 않고] 이나바에서 바로 [본국 조선으로 그들을] 돌려보내도록 [장군이 지시하여] 주시는 것입니다. [아니면 그들을] 나가사키로 보내어, 교우부 타이후 측에 넘기시면 [타이슈우는] 서간을 첨부하여, 그 나라로 돌려보낼 생각입니다. 그렇게 되면

り候事も無之候得共此度も可有之候哉
候ハ清と申者渡し候て参候様ニ候故為
候段上ニも被成候ニ付偉者共延候様
上ニも右之差上候御得ニも被仰渡候て
為御返答被成候を無之文人ニ付刑部方
方へ存寄書付被仰付候通ニ而ハ申上候
年寄共手伝候而相替候一通大法ニ付
萬端仕候而能候様被仰付候様ニ申
誠ニ以上書之内ニも申述候而も可有之

自然事むすほふれ申事も可有御座候哉法を背罷渡たる者之儀ニ候故曾而御取上不被成由被仰聞被差返候得者上にも御六ヶ敷儀御聞不被遊以後迄之為宜儀与奉存候曾又今度刑部大輔方より存寄奉伺候付通詞之者彼地江参着仕候共御当地より一左右仕候迄ハ対談仕候儀差扣候様ニ申付候由申越候口上書之内ニ如何敷儀も可有

[訴訟を引き起こすような離反の両国関係は]自然に結び固まり[また再び円滑に続くことに]なるであろう。法に背いて罷り渡って来た者の事であり、それゆえ[その訴訟は]決して御取り上げには成られないと、そのような御指示を下し[朝鮮に]差し返されたならば[宜しいかと存ずる。そうなれば、恐れながら]上様にも、御難しい事を御聞きいただくような事はなく、また今後の為にも宜しいかと存ずる。さてまた今度、刑部大輔(ぎょうぶたゆう)方から様子伺いの通詞の者を[派遣し、早々に]彼の地へ参着するよう[公儀から]御指示を受けた。しかし御当地の江戸から[消息を伝える]一報が届く迄は[朝鮮人との]対談を行うことは差し控えるように申し付けていると[そのような国元(くにもと)からの]連絡があった。[公儀の御指示を伝える]口上書の内容の中には、どのような事なのか不明の部分もある。

[소송을 일으키는 것과 같은 잘못된 양국 관계는] 자연히 종결되고 [다시 원활하게 지속되게] 될 것이다. 법을 어기고 건너온 자들의 일이고, 그렇기 때문에 [그 소송은] 결코 취급할 수 없다고, 그러한 지시를 내려 [조선으로] 돌려보내면 [좋겠다고 생각합니다. 그렇게 되면

황송합니다만] 장군께서도, 어려운 문제에 관계되는 것과 같은 일이 없고, 또 이후를 위해서도 좋다고 생각합니다. 그런데 이번에 또 교우부 타이후가 상황을 알아보는 통사를 [서둘러 파견하여] 그 지역(이나바)으르 가게 하라는 [장군의] 지시를 받았습니다. 그러나 당지 에도에서 [소식을 전하는] 일보가 도착할 때까지는 [조선인과] 대담을 하는 것을 삼가라는 지시를 해두었다고 [그렇게 국원에서] 연락이 왔다. [장군의 지시를 전하는] 구상서의 내용에는 어떻게 하라는 것인지 불명한 부분도 있다.

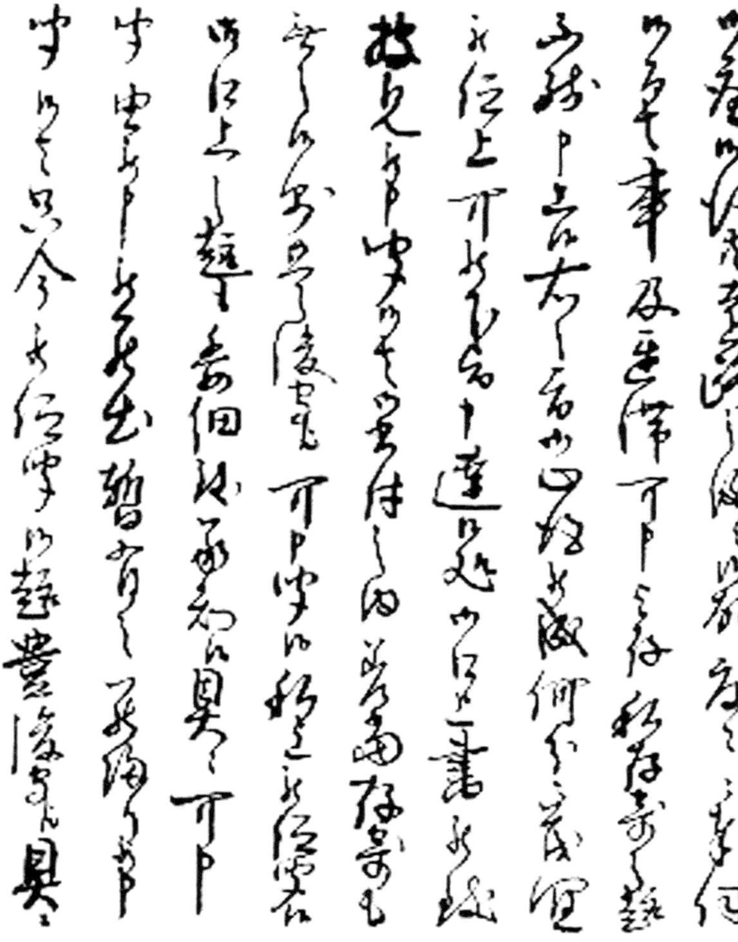

御座候得共遠路之儀ニ候故度々ニ奉伺候而者事及遅滞可申与存私存寄之趣不残申上候右之旨御心得被成何分ニ茂宜被仰上可被下旨申達候処御口上書被致披見被申聞候者御書付之内差当存寄も無之候則豊後守江可申聞候私迄被仰聞候御口上之趣も委細致承知候具ニ可申聞由被申被罷出暫有之罷帰り被申聞候者唯今被仰聞候趣豊後守江具ニ

しかし[江戸から対州までは]遠路であるので、度々に伺いをして[確認を取るとなれば]事は遅滞に及ぶ。[それゆえ通詞の者を先に出発させ、改めて江戸からの指示を受けるようにと致したのである。このように忠左衛門は吉左衛門に話しをした。そして]以上、拙者の承知致している事は、残らず[貴殿に]申し上げた。右の趣旨を御心得に成られ、何分にも宜しく[豊後守様へ]御報告いただきたいと申し伝えた。すると[吉左衛門が]御口上書に目を通し、そして語った事は、御書付けの内には差し当り[問題と]なるような所は無い。早速、豊後守へ申し伝えようと思う。拙者にまでお聞かせ下さった御口上の趣旨については、その委細を承知致した。[早速、豊後守へ]具に[報告を致し、その御考えを]お聞きしようと思う。そのように申され[お住まいの長屋(ながや)を]出られた。暫く経って[また長屋に]帰って来られた。そして申し聞かされた事は、只今仰せ聞かされた趣旨について、豊後守へ具に

그러나 [에도에서 타이슈우까지는] 거리가 멀기 때문에, 일이 있을 때 듣고 [확인하려고 하면] 일이 지체됩니다. [그렇기 때문에 통사를 먼저 출발시키고, 다시 에도의 지시를 받으려고 생각한 것입니다. 이렇게 타다자에몬이 요시자에몬에게 말했다. 그리고] 이상과 같이 졸자가 알고 있는 일을 남김없이 [귀하에게] 말씀드렸습니다. 위의 취지를 이해하시고, 제발 잘 되도록 [분고노카미에게] 보고해주시면 고맙겠다고 전달했다. 그러자 [요시자에몬이] 구상서를 읽어보고, 그리고 말한 것은, 기록 안에는 그렇게 [문제가] 될 것 같은 곳이 없다. 서둘러 분고노카미에게 전할 생각이다. 졸자에게까지 말씀해주신 구상의 취지에 대해서는, 그 자세한 것을 이해했다. [서둘러 분고노카미에게] 자세히 [보고하고, 그 생각을] 들을 생각이다. 그렇게 말씀하시고 [사시는 연립주택에서] 나가셨다. 조금 있다가 [다시 연립주택으로] 돌아오셨다. 그리고 말씀하신 것은, 지금 말씀하신 취지를, 분고노카미에게 자세히

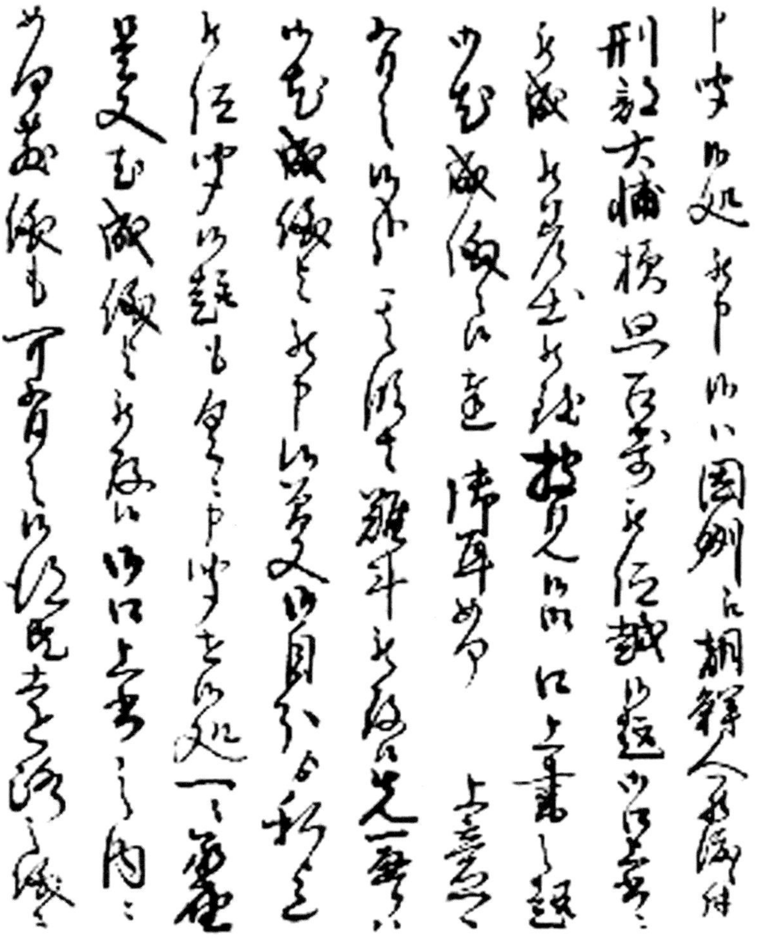

中聞候処被申候ハ因州江朝鮮人罷渡候付刑部大輔様思召寄被仰越候趣御口上書ニ被成被差出被致披見候御口上書之趣御尤成儀ニ候達御耳如何上意可有之候哉其段者難斗被存候先一通りハ御尤成儀与被申候曽又御自分より私迄被仰聞候趣も具ニ申聞せ候処一々承届是又尤成儀与被存候御口上書之内ニ如何敷儀も可有之候得共遠路之儀ニ

報告を行い、そのお考えをお聞き致した。すると[豊後守が]申されるには、因州へ朝鮮人が渡って来た事に付いて、刑部大輔様のお考えをお伝え下さり、その御趣旨を御口上書にしたため差し出されたものを拝見致した。その御口上書の趣旨は御尤な事である。しかし[すでにこの件は上様の]御耳にも達しているので[果たして、その事を上様が]どのように、お考えなさるのか、それについては、斗り難く思うところである。だが、先ず一通りについて言えば[刑部大輔様のお考えは]御尤もな事であると[そのように豊後守は]申されていた。一般的に言えば、御自分(大浦忠左衛門)様から私(三沢吉左衛門)に迄、お話し下さった趣旨についても、まことに具に、お聞かせを頂いたので、この一つ一つを[よく理解できる形で]承る事ができ[豊後守へ充分に]伝える事ができた。[このご配慮も]これ又[実に妥当な事であり]尤もな事であると、そのように[豊後守は]お考えに成っておられる。御口上書の内には[公儀の御指示が]、どのような事なのか不明の部分があり、遠路

보고하며 그 생각을 물었다. 그러자 [분고노카미가] 말씀하신 것은, 인슈우에 조선인이 건너온 것에 대해, 교우부 타이후사마의 생각을 전해주신, 그 취지를 구상서로 기록하여 제출한 것을 배견하셨습니다. 그 구상서의 취지는 당연한 일이다. 그러나 [이미 이 건은 장군의] 귀에도 들어갔기 때문에 [과연 그 일을 장군이] 어떻게 생각하실 것인가, 그것에 대해서는 예측하기 어렵다고 생각하는 바이다. 그러나 우선 대체적으로 말하자면 [교우부 타이후의 생각은] 당연한 것이라고 [그렇게 분고노카미가] 말씀하셨다. 일반적으로 말하자면 자기(오오우라 타다자에몬)가 나(미사와 요시자에몬)에게 이야기해주신 취지에 대해서도, 그야말로 자세히 말씀해 주셨기 때문에, 그 하나하나를 [잘 이해하면서] 들을 수가 있었기 때문에 [분고노카미에게 충분히] 전할 수 있었다. [이 배려도] 역시 [아주 타당한 일로] 잘한 일이라고, 그렇게 [분고노카미가] 생각하고 계신다. 구상서 중에는 [장군의 지시가] 어떠한 내용인가가 불명한 부분이 있고, 원로

御取成候ニ付而御念之事及遅滞了候ハヽ
思召も御頼申上候ハヽ以上書之奥ニ
申儀可有御座候委細ハ追而拙者可申談候以
御機嫌之由付候相可被成将亦此方ニ者
此度ハよく宜御座候之処後日何卒候
存候つる中々御座候重畳ニ御無心ニ存候恐々謹言
不絶御取ニ存候中々入魂候

候故度々ニ御伺候而者事及遅滞可申与思召も不顧申上候与之儀御口上書之奥ニ御書載可有候并両国之間ニ私不被成候趣別紙ニ書付明朝可被致持参候其外者此通りニ而宜御座候与豊後守被申候由吉左衛門被申聞候付奉畏候御懇意ニ御差図被遊被下忝奉存候由申入罷帰候

のゆえ、それを度々に御伺いしていては、事が遅滞に及んでしまう。それゆえ[公儀の]お考えを顧りみる事なく[事を進める場合も、時には有ると]そのように申し上げる事は、御口上書の奥に御書き載せになるのがふさわしい。それと並んで、両国の間[の交渉に於いて、それを対州が]私的に取り仕切るような事は無いと、そのような御趣旨については、その事を別紙に書き付け、明朝それを持参していただきたい。其の外の事については、この通りで宜しいと思うと、そのような事を豊後守が申されていたと、吉左衛門から聞かされた。それに付いて[忠左衛門は]畏り承りました。御懇意に御差図をいただき忝なく思いますと、そのような御礼を申し伝え、罷り帰った。

이기 때문에, 그것을 그때마다 물으면 일이 지체되고 만다. 그렇기 때문에 [장군의] 생각을 확인하는 일 없이 [일을 진행하는 경우도 때에 따라서는 있다고] 그렇게 말씀드리는 것은, 구상서의 끝에 기재하시는 것이 좋다. 그것과 같이 양국 간[의 교섭에 있어, 그것을 타이슈우가] 사적으로 처리하는 것과 같은 일은 없다고, 그와 같은 취지에 대해서는, 그 일을 별지에 기록하여, 내일 아침에 그것을 지참하였으면 좋겠다. 그 외의 일에 대해서는, 이대로 좋다고 생각한다고, 그와 같은 것을 분고노카미가 말씀하셨다고, 요시자에몬한테 들었다. 그것에 대해 [타다자에몬은] 감사하며 들었다. 따뜻하신 지시를 받아 황송하게 생각합니다 라고, 그러한 인사를 드리고 돌아왔다.

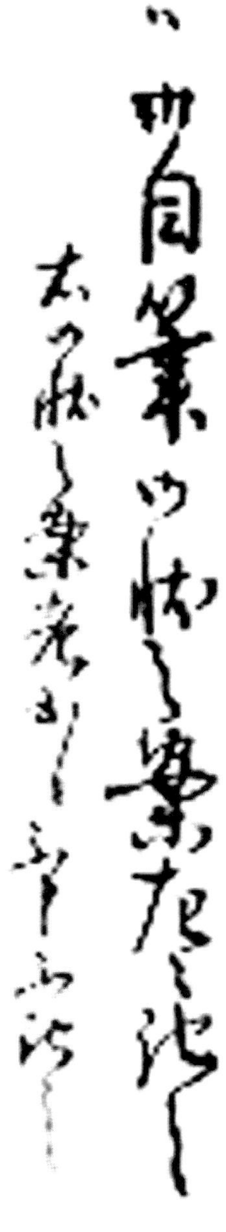

(41-02)

〃御自筆御状之案左ニ記之

右御状之案考出し不申不記之

(41-02)

〃[御隠居様]御自筆の御状があり、その内容を左に記す。

右御状の内容の纏まりが[手元の資料集の中から]出て来ない。それゆえ、これは書き記すことができない。

(41-02)

〃[은거하신 분의] 자필 서장이 있어, 그 내용을 아래에 기록한다. 위 서장의 내용을 정리한 것이 [소지한 자료집 속에서] 나오지 않는다. 그래서 이것은 기록할 수가 없다.

一 旧冬竹嶋之書簡被遣候ニ 大浦忠左衛門より
勝兵之助より書 清書ニ而相求仕度
四宮左衛門ニ 被仰候之段者左衛門殿ニ御相同
殿ゟ此様之返事可有御座中入候処押付
吉左衛門方より以書付 被仰候趣是御得

(41-03)

〃同月廿四日豊後守様江大浦忠左衛門参上昨夜之御口上書清書いたし持参仕加藤四郎左衛門ニ致面談三沢吉左衛門殿江懸御目度存候此段被仰通可被下旨申入候処押付吉左衛門被罷出候付致面談夜前得

(41-03)

〃同月(七月)二十四日、豊後守様方へ大浦忠左衛門が参上した。昨夜の御口上書を清書して持参した。加藤四郎左衛門に面談を致し、三沢吉左衛門殿へ[改まった御口上書を]御目に掛け度く思い[参上致しました。]この事を御伝え下さいと申し入れた処、やがて吉左衛門が出て来られた。そこで面談を致し、夜前に

(41-03)

〃동월(7월) 24일에 분고노카미 측에 오오우라 타다자에몬이 찾아뵈었다. 어젯밤의 구상서를 청서하여 지참했다. 카토우 시로우자에몬을 면담하고 미사와 요시자에몬 님에게 "[개정한 구상서를] 보여드리고 싶어서 [찾아왔습니다.] 이 사실을 전해주세요"라고 말씀드렸더니, 곧 요시자에몬이 나오셨다. "어젯밤에

以内意候付、御老中ゟ御渡被成候書付、承知仕
候、此中達而申上候趣ニ候処、奥ニ之文押付候
義ニ御座候得共、申上候以延引仕候、是又可申
追而得其意可申達候、然処委細ハ
義ニ候、承知仕候、然者、御老中様

御内意候書付御差図之通認直持参仕候由申達差出候処則奥江被入押付被罷出豊後守江申聞候処御書付受取被申候追而従是可申達由被仰候旨被申聞罷帰ル致持参候覚書左ニ記之

御内意を得て、書付けを御差図の通りに、したため直しました。それを持参致しましたと申して、差し出した。すると[それを受け取り]直ちに奥へ入られ、やがて戻って来た。豊後守へお伝えした処、この御書付けを、お受け取りなされるとのことで、そのように申された。追って、是により申し達しを行うと、そのようにも申された。この事を[吉左衛門から]聞かされ[忠左衛門は]退出した。その持参致した覚書を、左に記す。

양해를 받고, 서류를 지시하신 대로 고쳐 작성하였습니다. 그것을 지참했습니다"라고 말씀드렸다. 그러자 [그것을 받아] 즉시 안으로 들어가시더니, 바로 돌아 나오셨다. 분고노카미에게 전하였더니, 이 서류를 수취하시겠다고 그렇게 말씀하셨다. 바로 이것을 통달하겠다고, 그렇게 말씀하셨다. 이 일을 [요시자에몬한테] 듣고 [타다자에몬은] 퇴출했다. 지참했던 각서를 아래에 기록한다.

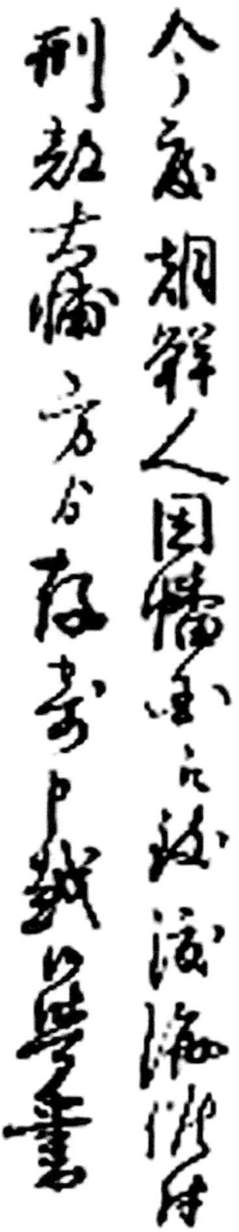

今度朝鮮人因幡國江致渡海候付
刑部大輔方ゟ存寄申越候覚書

(41-04)

今度朝鮮人因幡国江致渡海候付刑部大輔方より存寄申越候覚書

(41-04)

今度、朝鮮人が因幡国へ渡海致したので、その件に付いて、刑部大輔方から[公儀へ]差し出した意見具申の覚書である。

(41-04)

이번에 조선인이 이나바노쿠니에 도해했기 때문에, 그 건에 대해, 교우부 타이후가 [장군에게] 제출하여, 의견을 말씀드리는 각서이다.

覚

一 朝鮮人共被捕候所謂中上ニ而候得
而ハ以後国例之意済無仕其上竹嶋
義ハ従来中深以而空之何事候ニ
可有之以後ハ能々 右深候ても毎度被仰
儀可申聞朝鮮国之為ニも宜候哉
併此処来年深内ニ令為之所謂ニ相守
候ハヽ此度之儀以前之刑数大悔候哉

覚

一　朝鮮人如何様之訴詔申上候与之儀者存不申候得共因州江志渡海仕其上竹嶋落着之儀未申渡候故定而竹嶋之儀ニ而可有之候哉然者公儀ニも至極結構御了簡被遊朝鮮国之為ニも宜様ニ被仰付候処未申渡内ニ今度之訴詔之様子御聞届被成候而者前以刑部大輔江被

覚

一　朝鮮人が、どのような訴訟を[公儀へ]申し上げようとしているのか、その内容は[今のところ]不明でございます。だが[彼らは]因州へ志向し[遥かな]海を渡って参りました。その上[今の段階では]竹嶋一件に付いて、その落着となる公儀の御決定を、まだ[あちらの朝廷へは]申し渡しておりません。それゆえ恐らく[彼らの訴訟というのは]この竹嶋についての事で[その進展を促すもので]は無いでしょうか。[今回の]公儀[の御決定は]至極結構に御考えになられた御決定であり、それはまた朝鮮国の為にも宜しい様に仰せ付けられた御決定でございます。だがその御決定を未だ[彼の国に]申し渡していない段階で、その申し渡さぬ内に、今度の[朝鮮人の渡海と、その訴訟が始まって参りました。]この訴訟の様子を[もしや公儀が]御聞き届けに成られては、前以て刑部大輔へ

1. 조선인이 어떠한 소송을 [장군에게] 말씀드리려고 하는 것인지, 그 내용이 [현재로서는] 확실하지 않습니다. 그러나 [그들은] 인슈우를 목적으로 해서 [먼]바다를 건너왔습니다. 그런데 [지금

단계로서는] 죽도일건에 대하여, 그 결정하신 장군의 뜻을 아직 [저쪽 조정에는] 전달하지 않았습니다. 그렇기 때문에 아마도 [그들의 소송이라는 것은] 이 죽도에 관한 것으로 [그 진전을 재촉하는 것]이라고 생각합니다. [이번에 내리신] 장군[의 결정은] 아주 잘 생각하여 내리신 결정으로, 그것은 조선국을 위해서도 좋게끔 분부하신 결정입니다. 그러나 그 결정을 아직 [그 나라에] 전달하지 않은 단계에서, 그것을 전하지 않은 사이에, 지금 [조선인이 도해하여 소송이 시작되었습니다.] 그 소송의 내용을 [혹시라도 장군이] 들으시게 되면, 앞서 교우부 타이후에게

信使衆江ハ不存候方ニも人参胡椒之
品候唐ニ所請申上候様而御用ニ付延引
而被仰付候を可被成候以来者二ハ無之
候ニも唐ニ所請候付候 其段ニ御座
此方ヶ様之事ニ而可申哉 上京被仰付候ニ
此段 信使衆御覧被成 世上之直段
形之ゆへ稲ニ所請ニも日本之胡椒

仰付置候とハ不存彼方ニ者今度朝鮮人差渡直ニ訴詔申上候故御聞分被遊如此被仰付候与可存候左候而者以来共ニ少之儀ニ而も直ニ訴詔仕候而者 公儀ニ茂御六ヶ敷事度々可被聞召上候殊刑部大輔江御役被仰付置候規模茂無之事ニ候故願者如何様之訴詔ニ而も日本与朝鮮

仰せ付け置かれ[それで落着となる予定の公儀の御決定が、効力を失ってしまうのではないでしょうか。つまり、そのような御決定が、すでに下されていた事を]あちらは[信じず]今度の朝鮮人を差し渡し、直接、訴訟を申し上げた事で[公儀が初めて]御聞き分けになり、その結果[改めて]御指示が下されたと思う事でございましょう。そうなっては今後共に、少しの事でも直接[公儀へ向け]訴訟を仕るような事になってしまいます。公儀にとって御面倒な事が[これ以後]度々聞こえて来る事態に成って参ります。[そうならぬよう]殊に刑部大輔へは[朝鮮向けの]御役が[今]仰せ付け置かれています。だが[この因幡に渡って来た朝鮮人の訴訟をお聞き入れなさったならば]この御役の規模も無いような[対州を飛び越し交渉するような]事態に[今後は]成って来る事でございましょう。[これまでの事を申し上げれば、問題の解決を]願う者が[この朝鮮に関わる]どのような訴訟を訴え出て来ても、日本と朝鮮

분부하여 둔 [그것으로 낙착하려고 예정했던 장군의 결정이(일본어민의 도허를 금지한 일), 효력을 상실하는 것은 아닐까요. 즉, 그러한 결정이 이미 내려진 것을] 저쪽은 [믿지 않고] 이번에 조선인을 건너보내서 직접 소송을 했기 때문에 [장군이] 알아들으시고, 그 설명을 듣고 [비로소] 지시를 내리셨다고 생각하는 것이 아닐까요. 그렇게 되면 이후로는 작은 일이라 해도 직접 [장군에게] 소송을 하려고 하는 일이 되고 맙니다. 장군께서 귀찮은 일을, [이후로] 자주 들어야 하는 사태가 생깁니다. [그렇게 되지 않도록] 특별히 교우부 타이후에게 [조선에 관한] 역할을 [지금까지] 명하여 두신 것입니다. 그러나 [이나바로 건너온 조선인의 소송을 들어주신다면] 그 역할을 맡은 [타이슈우를 건너뛰어 교섭하는 것과 같은] 일이 [이후로는] 생기게 되겠지요. [지금까지의 일을 말씀드리자면, 문제의 해결을] 원하는 자가 [조선에 관계되는] 어떠한 소송을 제기하여도, 일본과 조선

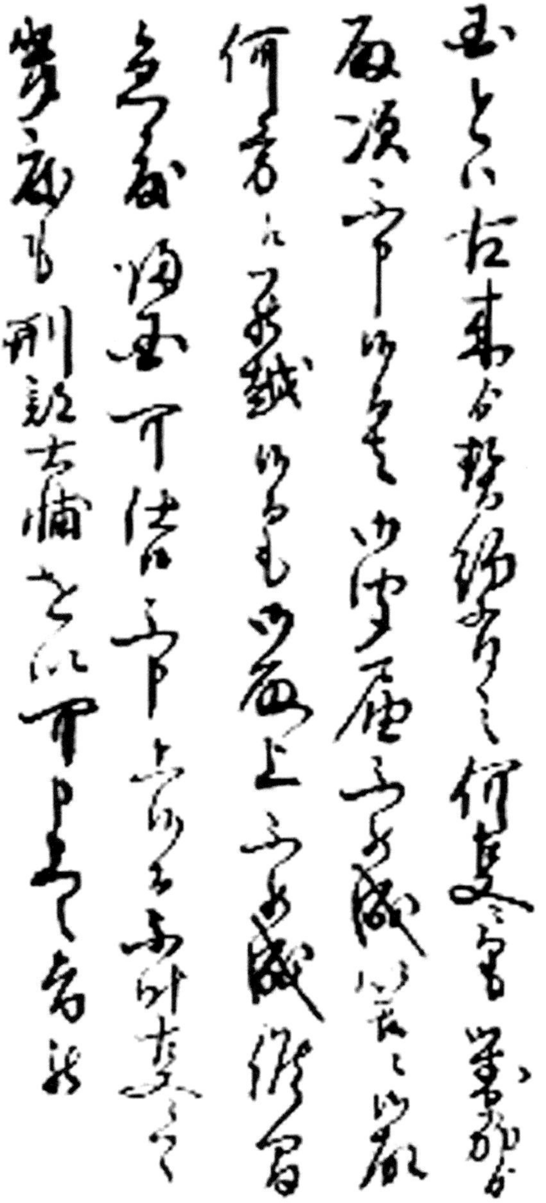

国とハ古来より契約有之何事ニ而も対州より取次不申候而者御聞届不被成筈ニ候故何方江罷越候而も御取上不被成候間急度帰国可仕候不申上候而不叶事候ハヽ幾度も刑部大輔を以可申上之旨被

国とは古くから契約が有り、何事に於いても対州が取り次ぎをしなくては[公儀は]御聞き届けには成られぬ筈でございました。[日本の]何方へ罷り越しても[そのような訴訟は]御取り上げには成られぬ[という国法でございました。]それゆえ[この度、因幡に渡って来た朝鮮人に対しても、そのように伝えれば]必ず[そのような者どもは]帰国することになる事でございましょう。[なおも訴訟を]申し出て叶わぬような事があれば、幾度も刑部大輔を以て、つまり対州を介して申し上げるようにと、その旨を

국에는 옛날부터 계약이 있어, 어떠한 일이라도 타이슈우가 주선하지 않으면 [장군이] 보고받는 일이 없었습니다. [일본의] 어느 곳으로 건너와도 [그러한 소송은] 받아들이지 않는다[는 것이 국법입니다.] 그렇기 때문에 [이번에 이나바로 건너온 조선인에 대해서도, 그렇게 전달하면] 반드시 [그런 자들은] 귀국하게 되겠지요. [또 소송을] 제기하여 이루지 못하게 되면, 몇 번이고 교우부 타이후를 통하여, 즉 타이슈우를 매개로 해서 이야기하라고, 그 뜻을

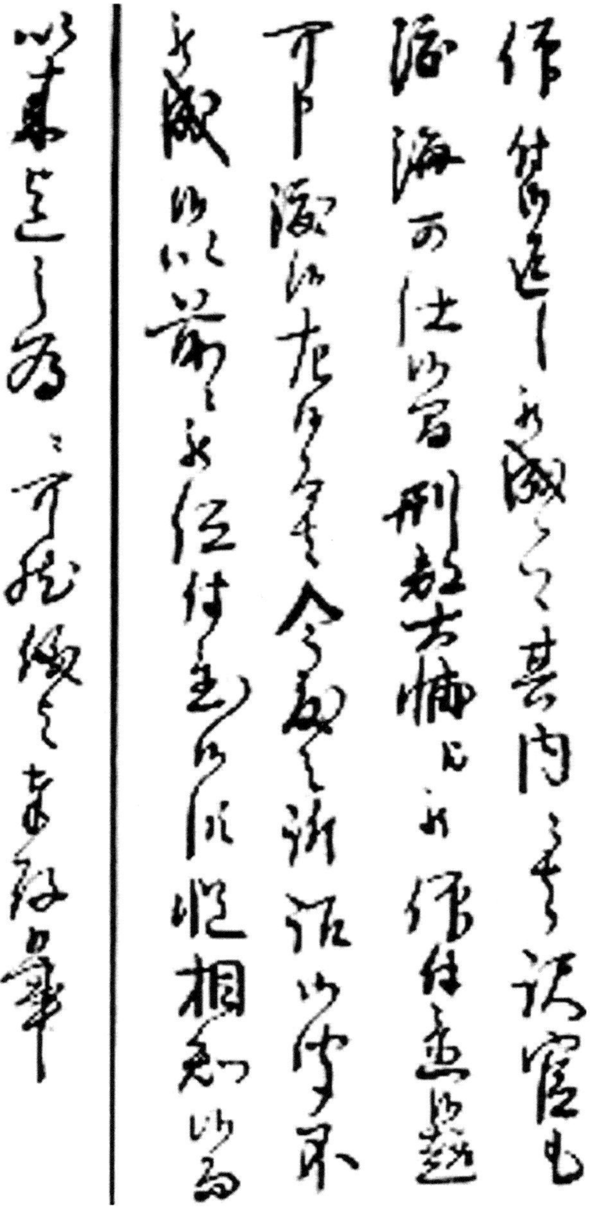

仰付御返し被成候ハヽ其内ニ者訳官も渡海可仕候間刑部大輔江被仰付置候趣可申渡候左候而者今度之訴詔御聞不被成候以前ニ被仰付置候段慥相知候而以来迄之為ニ可然儀与奉存候事

[しっかりと]御指示下さり[彼らを朝鮮に]御返しに成られれば宜しいかと思います。その内には[彼の国から]訳官も渡海して来る事でしょう。その折に、刑部大輔へ仰せ付け置かれた[公儀の御決定の]御趣旨を、申し遣わす事に致します。そうなれば今度の[朝鮮人の]訴訟を御聞きに成られる以前[すでに御決定が下されていた事が、彼ら訳官たちにも分かります。彼の国に、その事を伝えるよう、対州にその旨の]仰せ付けがあった事を[あちらの朝廷は]確かに知る事になります。そのような[正式な伝達方法を取る]事が今後の[両国の友好関係維持の]為にも[必要で、本来、外交交渉とは]そうあるべきであると思います。

[분명히] 지시하여 [그들을 조선으로] 돌려보내면 된다고 생각합니다. 그러는 사이에 [그 나라에서] 역관도 도해하여 올 것입니다. 그때에 교우부 타이후에게 분부하여 두신 [장군이 결정하신 일의] 취지를 전달하도록 하겠습니다. 그렇게 되면 이번에 [조선인의] 소송을 듣기 이전에 [이미 결정이 내려졌었다는 것을, 그 역관들도 알게 됩니다. 그 나라에, 그 일을 전하라고, 타이슈우에 그런 내용의] 분부가 있었다는 것을 [저쪽 조정은] 분명하게 알게 됩니다. 그 같은 [정식의 전달방법을 취하는] 것이 금후로 [양국의 우호관계를 유지하기] 위해서도 [필요하고, 원래 외교교섭은] 그렇게 해야 한다고 생각합니다.

一朝鮮原文之儀ハ右其分書翰類ニ
御同前ニ差渡武家衆茂和解被為
請入候事ニ被成御座候日本之原用ニ之儀ハ
對州ニ而和ニ原文仕候處是ニ而
仕可申儀者右其方中今一應及之條
候而ハ其元ニ而訳語仕候得ハ御返事
ニ而何方ニも御座候被成よ出候處
此外ニも定例ニ御座候故右ニ得其意候

一 朝鮮通交之儀者古来より両国契約有之而銅印を差渡置此印契無之船者彼国江請入不申候彼国より日本江通用之儀者対州を頼通交仕他国江直ニ通用仕間鋪旨古来より申合有之事ニ候依之他国江参候而訴詔仕候儀終ニ無之事ニ候今度何方ニ而成共御取上被遊候而者以来迄之定例ニ可罷成哉与奉存候事

一 朝鮮通交の事は、古くより両国には契約がございます。[正しい交流のため]銅印(渡航証明の印)を差し渡して置き、この印契(図書という)を持参しない船は、彼の国では請け入れを致さぬ事になっております。彼の国から日本へ通交する時は、この対州を頼り通交する仕来りになっており、他の国へ直接渡り、そこから通交するような事は有りません。この事は古くから[確かな]申し合いの有る事なので、それゆえ他国へ参り、そこで訴訟をするような事は、これまで、ついぞ[聞いた事も]無いような事でございます。今度、何れの方様であっても[そのような朝鮮人の訴訟を]御取り上げなさっては、今後に至る[悪しき]定例にも成ってしまいます。そのように[私どもは]考えるところでございます。

1. 조선통교에는, 옛날부터 양국에는 계약이 있습니다. [바른 교류를 위해] 동인(도항증명의 인)을 건네주어, 그 계인(도서라고 한다)을 지참하지 않은 배는 그 나라에서는 받아들이지 않는 것으로 되어 있습니다. 그 나라에서 일본에 통교할 때는, 이 타이슈우를 통하여 통교하는 것으로 되어 있어, 다른 나라로 직접 건너

가, 그곳에서 통교하는 것과 같은 일은 없습니다. 이것은 옛날부터 [확실하게] 합의되어 있는 일이기 때문에, 그래서 타국에 가서, 그곳에서 소송하는 것과 같은 일은 지금까지 [들어본 일이] 없습니다. 이번에 어떤 분이라 해도 [그 같은 조선인의 소송을] 취급해 주시면, 금후로 [나쁜] 정례가 되고 맙니다. 그렇게 [저희는] 생각하는 바입니다.

一今般新説申上候趣　此段ハ専ニ御座
候様ニ相聞候得共新説ト承リ正ニ
御座候　様ニも拙候も一通り御頼候
此段ハ義恩ニ存候由御坐ニ拙者
書存候留　[illegible]ニ相成候　僕國人ニも[illegible]
他國ニ相聞ニ専ニ新説ニ付候得共[illegible]上
ミ之[illegible]ニ[illegible]候ニ而ニ[illegible]ニも[illegible]

一 今度訴詔申上候趣 公儀江直ニ御聞被遊候様ニ御座候而者訴詔之品ニより御返答難被遊儀も可有御座候哉然者公儀ニ茂御六ケ敷儀御聞被遊如何奉存候間願者取次之役目人を差置他国江参直ニ訴詔仕候而者決而御取上不被成御国法ニ而候故被差帰候与之御事

一 今度[朝鮮人が]訴訟を申し上げる趣旨は、公儀へ直接[竹嶋のことを訴え出て]御聞き願おうとする事で御座います。だがその訴訟の内容によっては、御返答の困難なものもございましょう。そうであれば公儀にとっても御難しい事を御聞きなさる事になってしまい[そのような展開は]如何なものでございましょうか。[ただ煩わしいだけではございませんか。訴訟を]願う者に対し、その取次ぎを[本来]果たす役目人を差し置き、他国へ参り、直に[他国で]訴訟を仕るような事は、決して御取り上げには成られぬというのが[我が国の]国法でございます。それゆえ[直ちに]罷り帰るよう、

1. 이번에 [조선인이] 소송하는 취지는, 장군에게 직접 [죽도의 일을 호소하여] 들어주실 것을 원하는 것입니다. 그러나 그 소송의 내용에 따라서는 답하기 곤란한 것도 있을 것입니다. 그렇게 되면 장군으로서도 어려운 일을 들으시게 되고 말아 [그 전개가] 어떻게 될까요. [그저 번거롭기만 하지 않겠습니까. 소송을] 원하는 자에게, 원래 그 주선을 담당하는 자를 제쳐두고 타국에 가서, 바로 [타국에서] 소송을 하는 것과 같은 일은 결코 취급해서는 안 된다는 것이 [우리나라의] 국법입니다. 그러므로 [바로] 돌아가라고,

之節ニ而仕付同例を書て相見候以
筆者一ゟ書役以来二ニも同例ゟ書ニ

而見え近以筆者ニ而御座候思召上り候長崎ゟ
而遣候被仰候ニ付而漢文字例ニ而遣字名
以段ニ而蔵以之ニ而利親古備方え対馬ゟ朝鮮之御
朝鮮え可遣答書二十三日被遣候可申
者ハ古筆之被仰遣候ニ而許候仕

急度被仰付因州より直ニ被差帰候事第一与奉存候第二ニ者因州より直ニ被差返候事如何被思召上候ハヽ長崎江被送遣彼地ニ而者漂民定例之通宗旨御改被成候迄ニ而刑部大輔方江御渡被成候ハヽ朝鮮江可送遣候其節彼国江可白遣ハ古法を破他国ニ渡り直ニ訴詔仕

厳しく御命じになられ、因州より直接[朝鮮に]差し返されるのが、第一[の取るべき手段]であると存じます。第二[の手段として、もしも]因州から直に差し返される事が、どうかとお考えになられるのであれば[彼らを一旦]長崎へ回送させるのがよいと存じます。彼の地では、漂民として定例の通り宗旨御改めを成さり、その結果で、刑部大輔方へ御渡しに成られます。そうなれば[彼らを対州から]朝鮮へと送還いたします。その節、彼の国へ申し遣わす事は、古法を破って他国に渡り、直に訴訟を願う

엄하게 명하시어, 인슈우에서 직접 [조선으로] 돌려보내는 것이, 제일 먼저 [취해야 하는 방법]이라고 생각합니다. 제2[의 방법은, 혹시라도] 인슈우에서 직접 돌려보내는 일이 좋지 않다고 생각하시면 [그들을 일단] 나가사키로 회송하시는 것이 좋다고 생각합니다. 그곳에서는 표민으로 해서 정례에 따라 다시 신분을 조사하고, 결과적으로 교우부 타이후 측에 건네주게 됩니다. 그렇게 되면 [그들을 타이슈우에서] 조선으로 송환합니다. 그때, 그 나라에 전할 것은, 고법을 깨고 타국에 건너가 직접 소송을 원하는

此所之座ニ而者所作ニ應して礼儀を
武法ニ無之萬例ニ可申事其上
右儀ニ所以殿被遊深長を存申
上所作 右段を以可ニ存申書る
仕形等有之之座ニ而無之申哉可成
存候此事

候段不届之至ニ候訴詔之儀候ハヽ礼曹より式法之通対州江可申達事ニ候其上 公儀江訴候儀賎敷漁民を差渡申上候段 公儀をかろしめ申たる仕形旁以不届之由急度申越可然奉存候事

ような事は、不届きの至りである。訴訟の事があれば式法に則り[先ずは朝鮮の]礼曹において[手続きを行い、その礼曹を介し]対州へ申し伝えるべきであると、そのように申し伝えます。[そのような手続きを取れば、取次ぎを行う対州では]これを受け、公儀へ、その訴えを届け出るという事になります。[今回]賎しい漁民を[因幡へ直接]差し渡し[ここから公儀へ訴訟を]申し上げるなどという事は、公儀を軽んずる仕形であり、いずれにしても、不届き千万な遣り方でございます。それゆえ厳しく[彼の国へ]申し入れを行うべきことで、それは当然の事でございます。

것과 같은 일은 아주 나쁜 일이다. 소송할 일이 있으면 식법에 따라 [먼저 조선의] 예조에 [수속하여, 예조를 통하여] 타이슈우에 전해야 한다고, 그렇게 전달합니다. [그러한 수속을 밟으면, 중개하는 타이슈우에서는] 이것을 받아 장군에게, 그 소송을 보고하게 됩니다. [이번에] 천한 어민을 [이나바에 직접] 보내 [이곳에서 장군에게 소송을] 말씀드리는 것과 같은 일은, 장군을 가볍게 보는 것으로, 어찌 되었든, 건방지기 짝이 없는 방법입니다. 그렇기 때문에 엄하게 [그 나라에] 항의해야 하는 일입니다. 그것이 당연한 일입니다.

一長崎ニ而逗留中清国人江相渡
之上書面を以申達候処能承知ニ而御請仕
候ニ付直様一ト通細大之事件崎陽ニ
罷居候旨申聞候ニ付委細之次第承り
申候処右之者共ニ而相付候ニ付彼是兼而聞合候ニ
御座候——右之者共以後之様子委細申聞候ニ付
彼是承及候処右承知之由申参候事ニ

障り之義無之以来仕成し候様 被仰付被下
有之候様奉存候事

一 長崎江被送遣候共法を破他国江罷渡たる者ニ候間道中御馳走等不被仰付様ニ与奉存候其子細者先年竹嶋江罷渡候者因州より長崎江被送遣候節御馳走等結構ニ被仰付候処対馬守方江御渡し被成候以後者警固等稠敷申付彼国江差渡候故間違出来至于今事之障りニ罷成候条此度之儀被仰付様可有御座儀与奉存候事

一 長崎へ回送される事になっても、法を破り他国へ渡った者であるので、道中御馳走などは御命じになられぬ様、なさるべきでございます。その子細に[付いて申し述べれば]先年竹嶋へ渡って来た者が、因州から長崎へ回送された折、御馳走などを結構にあてがわれ[その後]対馬守方へ引き渡されました。以後[対州]の扱いは、警固など[殊の外]厳しく申し付け、彼の国へ差し渡しましたので[その扱いの差違から、二人の朝鮮人は]誤解をしてしまいました。今に至るまで、事の障りに成ってしまっています。そのような事なので、この度の回送では[温情を掛けての馳走など一切せぬよう]御命じなさるべきでございます。

1. 나가사키에 회송하는 일이 되어도, 법을 어기고 타국에 건너간 자이므로 도중의 대접 등은 명령하시지 않도록 하셔야 합니다. 그 자세한 것에 [대해서 말씀드리자면] 선년에 죽도에 건너온 자가 인슈우에서 나가사키로 회송될 때, 음식을 잘 대접한 [후에] 쓰시마노카미 측에 인도하였습니다. 이후 [타이슈우]의 취급은, 감시 등을 [특별히] 엄하게 하고, 그 나라에 넘겨주었다. 그것 때문에 [그 취급의 차이를 두 조선인이] 오해하고 말았습니

다. 그리고 그것이 지금 일을 처리하는 데 장애가 되고 있습니다. 그와 같은 일이므로, 이번 회송에서는 [온정을 베풀어 대접하는 것과 같은 일 등은 일절 하지 못하도록] 명하셔야 합니다.

一 御代官深海之丞殿刑部右衛門江頼置
可申達由ニ候處ニ成候節も可申上處候
風候之事延々ニ付甚之丞船新番
遣可被成候由及延引漸八月ニ成可被
筈之由申越候付今般新語之為ニ筈ニ被
仰付之由申越候ニ付右之趣を書遣申候處可
有之候得共御代官深海付候へ今可
申無之處早速御代官江申候様被相
可申上之書状の事

一 訳官渡海之儀刑部大輔国元江罷着候而早速申遣候得共兼而申上置候通彼国之風俗ニ而事延々ニ仕其上乗り船新敷造罷渡候故弥及延引漸八月比罷渡筈之由申越候今度訴詔之品ニより兼而被仰付置候趣とハ様子違申儀茂可有之哉依之訳官渡海仕候共今一往御差図無之内者訳官江申渡候儀差扣可申与奉存候事

一 訳官が渡海して来る事については、刑部大輔が国元へ帰着してから、早速[あちらへ]申し遣わす事になっており[その旨を申し伝え]ました。しかし兼ねてから申し上げ置いた通り、彼の国の風俗により、その渡海の事は[しばしば]延期となる事がございます。その上[この訳官が]乗り込む船は、新造船のものを使用する事になっており[その造船の工程日時を考慮すれば]いよいよ延引に及ぶ事でございましょう。漸く八月頃に、この罷り渡る手筈を[こちらに]申し出て来るに違いありません。今度の訴訟の[扱い方によっては、つまりその]種別によっては、兼ねてから御指示を受けていた[あちらへ申し渡す]趣旨と、様子を違えて[この度]伝えなければならぬ事も生じます。このような事でございますので[もしも今]訳官が渡海して来ても、一応[公儀からの]御差図が無い内は、訳官へ申し渡す[回答は]差し控えておこうと思っております。

1. 역관이 도해하여 오는 것에 대해서는, 교우부 타이후가 국원에 돌아가서, 서둘러 [저쪽에] 전달하는것으로 되어 있어, [그 뜻을 전]하였습니다. 그러나 전부터 말씀드렸듯이, 그 나라의 풍속에

따라, 도해하는 일은 [자주] 연기되는 일이 있습니다. 그 위에 [역관이] 타는 배는, 신조한 것을 사용하는 것으로 되어 있어, [그 배를 만드는 공정을 고려하면] 결국 늦어지게 되겠지요. 일단 8월경에 건너올 계획을 [이쪽에] 전해올 것이 틀림없습니다. 이번 소송을 [취급하는 방법에 따라, 즉 그] 종별에 따라서는, 전부터 지시를 받았던 [저쪽에 전달할] 취지와 내용을 바꾸어 [이번에] 전하지 않으면 안 되는 일도 생깁니다. 이러한 일이기 때문에 [만일 지금] 역관이 도해한다 해도, 일단 [장군의 지시가 없는 한, 역관에게 전달할 [회답은] 보류해두려고 생각하고 있습니다.

右之趣遂伺候處何分御理ニ而罷来候様
可申下候而文章之内書載被成可遣
候儀ニ者難成候得共大切之儀ニ被存候而致
承知候相伺候處車及出障可申上之
存候而御着無之候然存候之而候得共
上之候上何分之儀可致根本者候段
刑部大輔方ゟ申越候以上

七月廿四日

宗対馬守内
大浦忠左衛門

右之趣奉伺候何分ニ茂宜御差図被遊可被下候文章之内如何敷儀も可有御座与奉存候得共遠路之儀ニ候得者度々ニ相伺候而者事及遅滞可申与存候故不省思召私存寄之通不残申上候此上何分ニ茂可然様奉願候旨刑部大輔方より申越候以上

宗次郎内

七月廿四日　　大浦忠左衛門

右に述べた[幾つかの]趣旨について[公儀の御考えを]お伺い致します。何分にも、宜しく御差図を下さいますよう、お願い申し上げます。これら文章の内には、おかしな処もございましょうが[対馬との往復は]遠路の事でございますので、度々[国元から公儀へ、その都度]伺いを立てていては、事は遅滞に及びます。それゆえ[公儀の]お考えを省みず、私[刑部大輔]の方で[思い付く]通りの事を残らず申し上げました。この上で、何分にも然るべき[御判断をお示しになり、その御差図を下していただくよう]お願いを致します。このような趣旨を[対州に居る]刑部大輔方から[こちらに]申し越して来ました。以上でございます。

宗次郎内

七月二十四日　　大浦忠左衛門

위에서 이야기한 [몇 가지의] 취지에 대하여 [장군의 생각을] 여쭙니다. 제발 잘되게 지시하여 주실 것을 원합니다. 이런 문장에는 이상한 곳도 있겠습니다만 [쓰시마의 왕복은] 원로이기 때문에, 자주 [국원에서 장군에게, 그때마다] 여쭙게 되면, 일이 지체되게 됩니다. 그렇기 때문에 [장군의] 생각을 알지 못하고, 저 [교우부 타이후] 쪽에서 [생각하는] 것을 남김없이 말씀드렸습니다. 이것을 이해하시고, 어쨌든 좋은 [판단을 하시고, 지시를 내려주실 것을] 원하고 있습니다. 이 같은 취지를 [타이슈우에 있는] 교우부 타이후 측에서 [이쪽에] 전해왔습니다. 이상입니다.

소우 지로우 가신

7월 24일 오오우라 타다자에몬

(41-05)

〃別紙之書付左ニ記之

(41-05)

〃別紙の書付があり、これを左に記す。

(41-05)

〃별지의 서류가 있어, 이것을 아래에 기록한다.

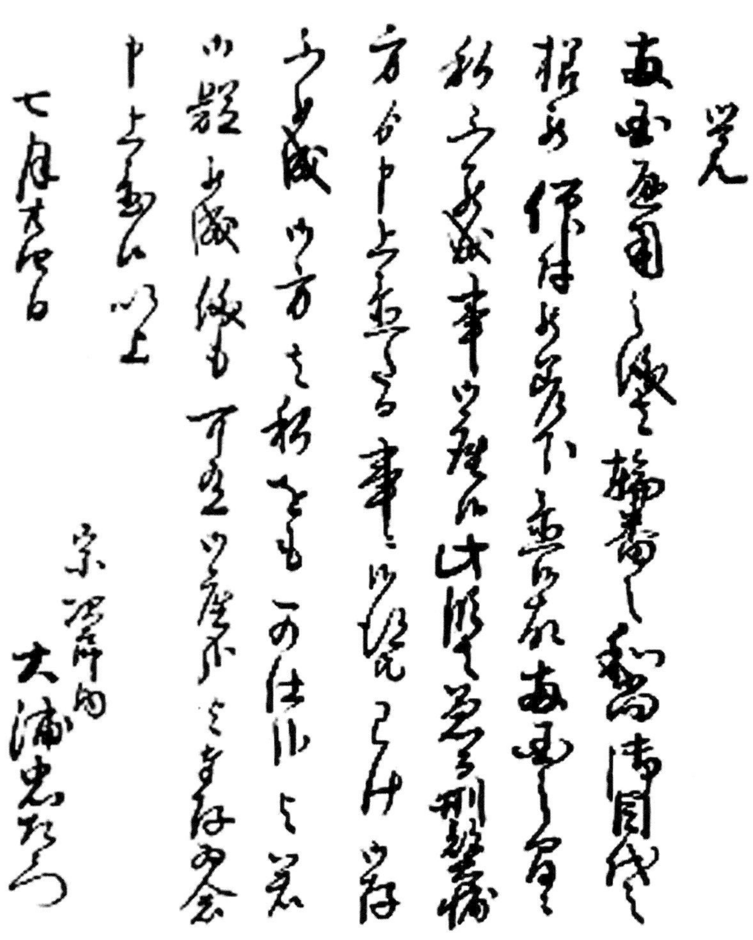

覚

両国通用之儀者輪番之和尚御目代之様被仰付被差下置候故両国之間ニ私不罷成事御座候此段者兼而刑部大輔方より申上置たる事ニ候得共わけ御存不被成御方者私をも可仕哉与若御疑被成儀も可有御座哉与奉存為念申上置候以上

宗次郎内

七月廿四日大浦忠左衛門

覚

両国通用の事は[以酊庵の]輪番の和尚が御目代(御目付役)の様にして[検閲を致します。和尚は公儀から、その御役目を]仰せ付けられ[対州に]差し置かれております。それゆえ[日本と朝鮮]両国の間にあって[対州が]私的に[取り仕切るような事は]罷り成らぬ事に[制度上からも]なっております。この事は兼ねてから、刑部大輔方より申し上げて置いた事でございますが、事情を存じ上げない御方もいらっしゃいます。それゆえ[対州が朝鮮との交渉を]私的に取り仕切っているのではないかと、そのように御疑いに成られる事も[あるいは]有ろうかと存じます。それゆえ、こうして念の為[制度上の事までも、ここで]申し上げて置きます。以上でございます。

宗次郎内

七月二十四日大浦忠左衛門

각서

양국 통용의 일은 [이테이안의] 윤번 화상이 모쿠다이(감독역)의

책임을 맡아 [검열합니다. 화상은 장군한테 그 역할을] 명받고 [타이슈우에] 파견되었습니다. 그렇기 때문에 [일본과 조선] 양국 사이에 있으며 [타이슈우가] 사적으로 [처리하는 것과 같은 일은] 할 수 없게 [제도적으로] 되어 있습니다. 이 일은 옛날부터 교우부 타이후가 말씀드린 일입니다만, 사정을 아시지 못하는 분도 계십니다. 그래서 [타이슈우가 조선과의 교섭을] 사적으로 처리하고 있는 것은 아닌가 라고, 그렇게 의심하시는 일도 [어쩌면] 있을 수도 있다고 생각합니다. 그래서 이렇게 일부러 [제도적인 일까지도 여기서] 말씀드려 둡니다. 이상입니다.

소우 지로우 가신

7월 24일　　오오우라 타다자에몬

一 同日大久保加賀守様　於本丸中之座
仕少々後大河内源元之御用ニ付申上候
先頃同情之朝鮮人被漂海ニ付及問
之者同情ニ不残被仰付候之品任付候
付る早速元国　刑部大輔方ニ
申遣候処旦同之者右人之内一人ハ兼て役
之者一人申付若越候申越候太朝鮮
人之儀ニ付豊後守様ニ　刑部大輔方より
存寄之儀ニ付御伺申上候ニて彦申越候ニ

(41-06)

〃同日大久保加賀守様江鈴木半兵衛参上仕御取次大河内酒之允ニ致面談申上候ハ先頃因幡江朝鮮人致渡海候付通詞之者因幡江差越候様ニ与被仰付候付而早速国元同氏刑部大輔方江申遣候処通詞之者両人侍一人并書役之者一人申付差越候由申越候右朝鮮人之儀ニ付豊後守様江刑部大輔方より存寄之儀奉伺候御差図之趣申越候迄者

(41-06)

〃同日(七月二十四日)大久保加賀守様の所へ、鈴木半兵衛が参上し、御取次ぎの大河内酒之允に面談を行った。そこで申し上げたのは[以下のようなことである。すなわち]先頃因幡へ朝鮮人が渡海した事に付いて、通詞の者を因幡へ差し遣わすよう[加賀守様から]御命令をいただいた。その事に付いて、早速国元の同氏(宗)刑部大輔方へ申し遣わした処、通詞の者二人と侍一人、ならびに書役の者一人に[因幡へ向かうよう]申し付けて送り出したと[その国元から]連絡があった。右の朝鮮人の事に付いては、豊後守様へ刑部大輔方から意見が出され[その取り扱いについて]お伺いをしている所である。その御差図の趣旨が[明確となって]伝えられ迄は、

(41-06)

〃동일(7월 24일)에 오오쿠보 카가노카미 님의 곳에 스즈키 한베에가 찾아가 안내하는 오오코우치 사케노인과 면담했다. 그곳에서 말씀드린 것은 [이하와 같은 것입니다. 즉] 지난번 이나바에 조

선인이 도해한 것에 대해, 통역하는 자를 이나바에 보내도록 하라고 [카가노카미가] 명하셨다. 그 일에 대해 즉시 국원의 동씨(소우) 교우부 타이후 측에 전달했더니, 통사 2인과 시종 1인 그리고 서기 1인을 [이나바에 가라고] 명하여 보냈다고 [국원에서] 연락이 왔습니다. 위 조선인의 일에 대해서는 분고노카미 님에게 교우부 타이후 측에서 의견을 말하여 [그 취급에 대해서] 여쭙고 있는 바입니다. 그 지시하는 취지가 [명확하게] 전해질 때까지는

通詞仕候儀茂有之候ハヽ 閑情ニ茂[illegible]
通詞之者ニ申付候而茂付與之[illegible]様ニ候[illegible]
之儀通詞罷在閑情ニ可申[illegible]
之儀刑部大輔方ゟ申上候而申[illegible]候
申達候處余加様之儀不申此方ゟ申
奥ニ之文ヲ以處加様之様[illegible] 唯今之[illegible]ヲ以[illegible]
之[illegible]以[illegible]通詞可申上候
以上 [illegible]

通詞仕候儀差扣候様ニ与因幡江差越候通詞之者江申付遣候付豊後守様御差図被成次第早々因幡江可申遣候右之趣御請刑部大輔方より申上候旨申越候由申達候処則加賀守江可申聞由被申奥江被入候処加賀守様唯今御裏御門より御登城候間御帰宅次第可被申上由被申罷帰候

通詞の役を引き受ける事は差し控えるよう、因幡へ派遣した通詞の者へ申し付けている。それゆえ豊後守様が[この度、具体的な形で]御差図に成られ次第、早々に因幡へ[その旨の連絡を]申し遣わす手筈になっている。右の[御差図の]趣旨を御請けし、刑部大輔方から[豊後守様へ御返事を]申し上げる事になっているが、その旨を[また加賀守様へも]申し上げるようにとの事であったと、このように[御取次ぎの大河内酒之允に]申し伝えた。すると直ちに加賀守へ[この事について]御意見をお聞きして来ると申され、奥へ入られた。[やがて出て来られ]加賀守様は、唯今御裏御門から御登城なさってしまわれた。御帰宅になられ次第[この事について]申し上げようと思うと、そのように申されたので、罷り帰った。

통사의 일을 맡는 일을 삼가라고, 이나바에 파견한 통사에게 명하여 두었다. 그렇기 때문에 분고노카미가 [이번에 구체적으로] 지시가 이루어지는대로, 서둘러 이나바에 [그 내용을] 연락해 주기로 되어 있습니다. 위 [지시의] 취지를 들어서, 교우부 타이후 측에서 [분고노카미 님에게 답을] 말씀드리기로 되어있으나, 그 내용을 [또 카가노카미 님에게도] 말씀드리도록 하라는 것이었다고, 이렇게 [안내하는 오오코우치 사케노인에게] 말씀드렸습니다. 그랬더니 즉시 카가노카미에게

[이 일에 대한] 의견을 듣고 오겠다는 말을 하고, 안으로 들어가셨다. [곧 나오셔서] 카가노카미 님은 바로 지금 뒷문으로 등성하시고 말았다. 귀댁하시는대로 [이 일에 대해] 말씀드릴 생각이라고, 그렇게 말씀하셨기 때문에 돌아왔습니다.

一 同日三浦右衛門方・忠右衛門方へ入念
ニ而御遣ニ而候、以報ニ豊州様御意之趣
切紙を以申来候付、御家老中村源吾江
談候者右衛門殿へ鶴目録を以申入
以返 押付者右衛門方ゟ御家老中以ハ申
ニ候 早朝ゟ渡申者ニ以申以返 難入ニ存候

御用之義ニ御座候 以書付 以申上 可申上
御聞届可被成候 以御請 可申 以書 御座候

(41-07)

〃同日三沢吉左衛門方より忠左衛門方[江]今昼八ツ時過罷出候様[ニ]与豊州様御意之由切紙を以申来候付致参上中村源右衛門[江]致面談吉左衛門殿[江]懸御目度候由申入候処押付吉左衛門罷出被申聞候ハ御出之段早豊後守[江]申聞候処唯今差掛候御用[ニ]取込被申候間仕廻次第可被懸御目候其内御待遠[ニ]可有之候間勝手[ニ]

(41-07)

〃同日(七月二十四日)三沢吉左衛門方から大浦忠左衛門方へ、今日の昼八ツ時(午後二時)過ぎに、罷り出る様にと[連絡が入った。]豊州様の御意向という事で、切紙[の書付け]を以て申し伝えて来た。そこで[早速]参上し、中村源右衛門へ面談し、吉左衛門殿へ御目に掛かりたいと申し入れを行った。すると、やがて吉左衛門が罷り出で[こちらに]伝えた事は、御出で下さり、早々に豊後守からお伝えしたい事がありますが、唯今ちょうど[豊後守は]差し掛けた御用があり、取込み中でございます。それが片付き次第、御目に掛かるつもりでございます。その間[今少し]御待ち下さい、こちらの勝手方に罷り通り[暫し]御休息などを致して置いて下さいと、そのように申された。そこで御勝手に

(41-07)

〃동일(7월 24일)에 미사와 요시자에몬 측에서 오오우라 타다자에몬 측에, 오늘 낮 야쓰노 시간(오후 2시)이 지나서 나오도록 하라는 [연락이 왔다.] 분고노카미 님의 뜻이라며 반절지[의 서류]에

기록하여 알려왔다. 그래서 [서둘러] 찾아가, 나카무라 겐에몬을 면담하여, 요시자에몬 님을 뵙고 싶다고 신청했다. 그러자 곧 요시자에몬이 나와서 [이쪽에] 전한 것은, 빨리 나오셔서 분고노카미 님이 전하고 싶은 일이 있습니다만, 바로 지금 [분고노카미는] 처리하는 일이 있어, 바쁘십니다. 그것을 처리하는 대로 만나실 계획입니다. 그동안 [잠깐] 기다려주세요. 이쪽 부엌 쪽에 가셔서 [잠시] 휴식하여주세요. 그렇게 말씀하셨다. 그래서 부엌을

承り候体委ニ相ゝ候ニ而得与承候
承り候ニ付多勢不都合可有之出船入候ニ付
相待候処何も時分者参候ニ而
了簡ニ而待兼可有之候ニ而御申遣候
御同前ニ候及延引今程ニ而伺候様ニ致
為、御徹ニ而仲間様方出船太方相済
候様ニ思召候段一ゝ御尤ゝ候

通り致休息候様ニ与被申御勝手ニ罷通り御茶多葉粉瓜なと出夜入候迄相待罷在候処五ツ半時分吉左衛門被罷出御待遠ニ可有之候御用取込被懸御目候儀及延引候今度御伺被成候趣於 御城御仲間様方出羽守様右京大夫様江被申談候処思召寄之趣一々御尤之由

罷り通ると[休息のための]御茶や煙草そして瓜などが出た。夜に入って迄も、なお待ち続けていたが、五ツ半(夜の九時)時分に吉左衛門が出て来られ、待ち遠しく思っておられる事と思います。あいにく御用が取り込み[豊後守は]御目に掛かることが難しくなりました。それゆえ延期と言う事になります。今度[刑部大輔様から]御伺い[として提出された御意見]の趣旨は、御城に於いて御仲間衆の皆様方、出羽守様、右京大夫様へ[御披露があり]御相談がございました。その結果、御意見の趣旨は、その一つ一つが尤もであると、

지나자 [휴식을 위한] 차와 담배 그리고 참외 등이 나왔다. 밤이 될 때까지 기다렸으나 이쓰쓰한(오후 9시)경에 요시자에몬이 나오셔서, 기다리시기 지루하다고 생각하실 것이라고 생각합니다. 공교롭게 일이 바빠 [분고노카미를] 뵙는 일은 어렵게 되었습니다. 그래서 연기하게 되었습니다. 이번에 [교우부 타이후 님이] 여쭙는 것으로 해서 제출한 의견]의 취지는 당연한 일로 동료들 모든 분 데바노카미 님, 우쿄우노다이부에게 [피로하고] 상담하는 일이 있었습니다. 그 결과, 의견의 취지는, 그 하나하나가 당연하다고,

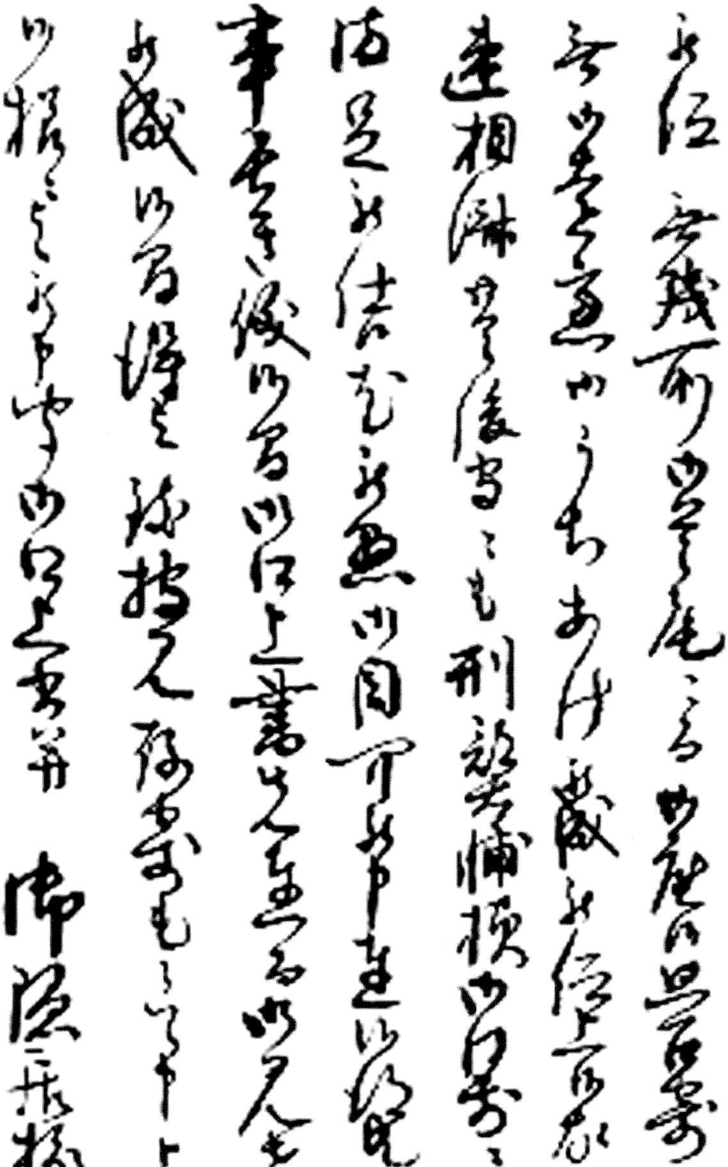

被仰無残所御首尾ニ而御座候思召寄無御遠慮御うちあけ被成被仰上候故速相済豊後守ニも刑部大輔様御同前ニ満足被仕候尤被懸御目可被申達候得共事長き儀候間御口上書先達而御見せ被成候間得与致披見存寄も候ハヽ申上候様ニ与被申聞御口上書并 御隠居様江

そのように[皆様が]おっしゃり、全て御同意という首尾に罷り成りました。御考えを遠慮なく打ち明けていただき、御報告下さったので[この件に関する御老職の方々の評議は]速かに相済み、豊後守も刑部大輔様と御同様に、満足に思っておられます。そもそも[このような事は、豊後守に直接]御目に掛かり[直接]申し渡されるのがよいのですが[今、御用の]事が長引いており[そのようなわけに行かなくなりました。]それゆえ御口上書を先に、達って御見せするので、とくと御覧に成り、思う処があれば申し上げる様にと、そのように申され、御口上書ならびに御隠居様

그렇게 [모든 분이] 말씀하시며 모두 동의한다고 하는 결과가 되었습니다. 생각하시는 것을 숨김없이 터놓고, 보고하여 주셨기 때문에 [이 건에 관계하는 노직분들의 평의는] 빨리 끝나, 분고노카미도 교우부타이후 님과 마찬가지로, 만족하게 생각하고 계십니다. 원래 [이와 같은 일은 분고노카미에게 직접] 만나뵙고 [직접] 말씀을 듣는 것이 좋습니다만 [지금 처리하는] 일이 길어지고 있어 [그렇게 하지 못하게 되었습니다.] 그래서 구상서를 일단 먼저 보여드리니, 잘 보시고, 생각하시는 것이 있으면 말씀하시라고, 그렇게 말씀하시고, 구상서 및 은거하신 분

候之御返簡之状ニ而論ニ成候付其為入御念

御筆難成旨申聞候以書付ニ任者在之候

申来候ハヽ張原ニ而理使籍相備

豊例様心入被存候御事入候存候

其事御念令被致候ニ付困之趣　上聞之儀

達之申来候之見候此形ニ心得存候

御理申来候得共　御隠居様

之御返事御状御渡被成候付被為入御念候事難有由申御口上書拝見仕吉左衛門江申達候者残所無御座結構相済候段偏豊州様御心入故与奉存候由申入ル吉左衛門被申候者今度之御伺之趣　上聞ニ茂達シ申たる由ニ候此段者御心安存候故内証申聞候由被申候　御隠居様江之

への御返事そして御状を[こちらに御示しに]成られた。そこで[因幡にての訴訟の件は]御念を入れて対処していただき、有り難い事でございましたと[そのように御礼を]申し上げた。そして御口上書を拝見し、吉左衛門へ申し伝えた事は[御老職の方々の]御異論が無く、結構に相済んだ事は、偏えに豊州様の御心入れのゆえであると[我々は]思っておりますと[そのように]申し入れた。すると吉左衛門が申された事は、今度の御伺いの趣旨は、上様の御耳にも達しているとの事で[それゆえ]この事は[もはや覆るような事は無く]御心安くお思い下さい。但し、それゆえに内証で申し伝えた事であり[他に漏らしてはなりません。そのような]由を[こちらに]申された。御隠居様への

에게 보내는 답서, 그리고 서류를 [이쪽이 보게] 하셨다. 그래서 [이나바에서 소송하는 것은] 신중하게 대처하여 주셔서, 고맙습니다 라고 [그렇게 인사를] 드렸다. 그리고 구상서를 배견하고, 요시자에몬에게 말씀드린 것은 [노직분들의] 이론 없이, 잘 끝난 것은, 오로지 분고노카미 님이 마음을 써주셨기 때문이라고 [우리는] 생각하고 있습니다 라고 [그렇게] 말씀드렸다. 그러자 요시자에몬이 말씀하신 것은, 이번에 여쭌 것의 취지는 장군의 귀에도 들어간 일이다. [그래서] 이 일은 [이미 바뀌는 것과 같은 일 없으니] 편안하게 생각하여 주세요. 다만 그렇기 때문에 비밀로 해서 전한 것으로 [남에게 흘려서는 안 됩니다.

그와 같은] 내용을 [이쪽에] 말씀하셨다. 은거하신 분에게 보내는

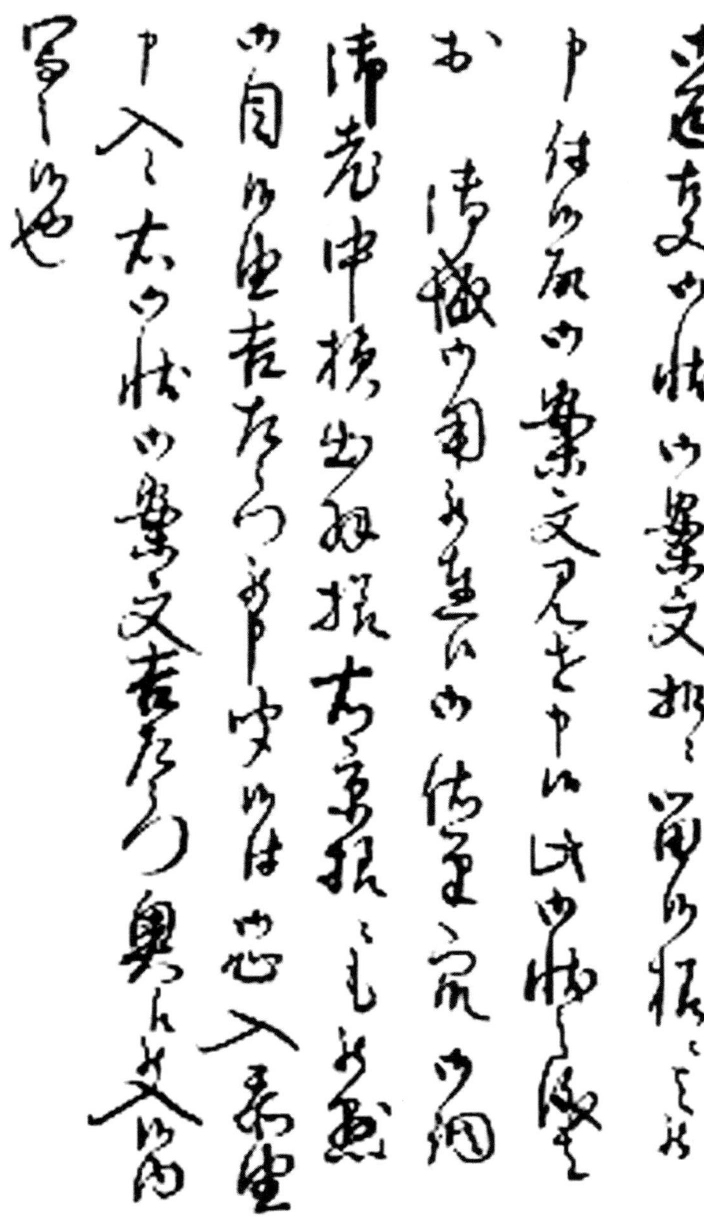

御返事御状御案文扣ニ留候様ニ与被申付候故御案文見せ申候此御状之儀者於　御城御用被達候御佑筆衆御調御老中様出羽様右京様ニも被懸御目候由吉左衛門被申聞候付御心入忝由申入候右御状御案文吉左衛門奥江被入候内写之候也

御返事、御状の御案文は[まだ正式に伝えるわけには行かず、単に]控えとして留めるだけにする様[豊後守から]申し付けられております。それゆえ御案文を[今回は、ただ]お見せするだけに致します。この御状の事は[まだ僅かな人々しか知らないもので]御城に於いて御用を受け持つ御佑筆衆や御調べ方、また御老中様や出羽様や右京様にだけ御目に掛けたものでございます。そのような事を吉左衛門が申された。それゆえ[こちらからの返答は]そのような御心入れをいただき、忝なく思いますと、そのように申し入れを行うだけであった。右の御状、御案文は、吉左衛門が[一旦]奥へ入られた間に、これを写し取った。

답서, 서류의 초안은 [아직 정식으로 전할 수는 없고, 그저] 비망록으로 해서 놓아두도록 하라고 [분고노카미가] 지시하셨습니다. 그래서 초안을 [이번은 그저] 보여드리기만 합니다. 이 서류의 일은 [아직 몇 사람밖에 알지 못하기 때문에] 성의 일을 맡은 기록관들이나 조사하는 분, 또 노중이나 데바 님이나 우쿄우 님만이 보신 것입니다. 그와 같은 것을 요시자에몬이 말씀하셨다. 그래서 [이쪽의 답은] 그렇게 마음을 써주셔서 황송하게 생각합니다라고, 그렇게 말씀드렸을 뿐이다. 위의 서류, 초안은 요시자에몬이 [일단] 안으로 들어가셨을 때, 이것을 베꼈다.

一 右者かねかね申入候通 進仕御座候
可有之 此度因例ニ朝鮮人罷渡候段
不届ニも 難仕之ニ付 被仰付候
承候處 近日申候 宜敷相成候ハヽ 得と相成候
不法様相成候申候 以様申 とめ申すへく
申候處 此段刑部大輔自分として可留置

---

申候段以申候 相成申候 相成候
得共以申候 宜敷相成 候ハヽ 相成申候と

(41-08)

〃吉左衛門江忠左衛門申入候者追付訳官渡海可仕候此度因州江朝鮮人罷渡候儀 不承分ニも難仕事ニ候古法を破他国江罷渡直ニ訴候段不届ニ候重而ケ様成儀不仕様急度被申渡候様申遣如何可有御座候哉此段刑部大輔自分之了簡ニ申渡候与従公儀急度申渡候様蒙仰候間重而ケ様ニ無之様ニ申渡候与とハ

(41-08)

〃吉左衛門へ忠左衛門が申し入れた事は、追付け訳官が渡海し[対州へ]やって来ます。この度、因州へ朝鮮人が罷り渡って来た事に付いては、それを知らないというわけには行きません。古法を破って他国へ罷り渡り、直に訴え出るような事は、不届きの事でございます。再び、このような事が起こらないよう、厳しく申し渡して貰いたいと、そのように[あちらへ]申し遣わしては如何でしょうか。この事について刑部大輔は、自分の考えで[あちらへ]申し渡しを行う事と、公儀から厳しく申し渡しを行うよう仰せを蒙り再びこのような事が無い様に[あちらへ]申し渡す事とでは、

(41-08)

〃요시자에몬에게 타다자에몬이 말씀드린 것은, 곧 역관이 도해하여 [쿠이슈우]에 옵니다. 이때 인슈우에 조선인이 건너온 것에 대해서는, 그것을 모르는 체할 수는 없습니다. 고법을 깨고 타국에 건너가 직접 소송하는 것과 같은 일은, 발칙한 일입니다. 다

시 이러한 일이 생기지 않도록 엄하게 전해달라고, 그렇게 [저쪽에] 말을 하는 것은 어떨까요. 이 일에 대해 교우부 타이후는 자기 생각으로 [저쪽에] 말을 전하는 것과 엄하게 전하라고 하는 장군의 명을 받아, 다시는 이러한 일이 없도록 [저쪽에] 말을 전하는 것은,

詮も無之事候へハ可申渡候急度
家老ゟハ難被差免候此間申遣候ハ
兼而申上候處御如申上了簡申候
太守様思召候處中ゟ少處此段心得宜
申候處相伺申候處右之段被仰付候様
讒言人ゟ伝承候様ニ轉寄候之由申候
ゟ存候刑部大輔様自然之儀ニ御座候

訳も違申事ニ候何分ニ可申渡哉兎角不承分ニハ難仕事ニ候此段奉得御差図候旨申達候処則被申上罷出被申聞候者右之段豊後守ニ申聞候処此段心付不被申候処相伺尤被存候　公儀より被仰渡候様ニ訳官江被仰達候儀者軽々敷候而如何ニ被存候刑部大輔様御自分之御了簡ニ

[大いに]意味が違う事であると[語っておりました。ともあれ]いずれであっても、何分にも[この事については、あちらへ]申し渡すべきでございます。兎も角も[公儀から御指示を]承らぬ分には[あちらへ申し遣わす事は]仕り難い事でございます。この段、御差図が得られるように[ご配慮をお願い致します]と、その旨を[吉左衛門に]申し伝えた処、直ちに[奥に入られ、豊後守様へ]申し上げられた。[暫しの後]罷り出て来て[忠左衛門に]申されたのは、右の段を豊後守にお尋ねした処、この事については、心付け(心添え、忠告)を申さなかったので[そのように]伺いを立て[御方針を]尋ねて来た事は、尤もに思うところである。公儀から仰せ渡された事を[そのまま]訳官へ伝える事は[公儀の指示が]軽々しく聞こえるので、如何かと思われる。それより刑部大輔様が御自分のお考えで[あちらへ]伝えた方が[事情をよく了解

[크게] 의미가 다른 일이라고 [말하고 있었습니다. 어쨌든] 어떻게 하든, 아무쪼록 [이 일에 대해서는 저쪽에] 말해야 합니다. 어쨌든 [장군의 지시를] 받지 않으면 [저쪽에 말을 전하는 일은] 하기 어려운 일입니다. 이것에 대한 지시를 받을 수 있도록 [배려하여 주실 것을 부탁드립니다] 라고, 그 뜻을 [요시자에몬에게] 말씀드렸더니, 즉시 [안으로 들어가 분고노카미 님에게] 말씀드렸다. [잠시 후에] 나와서 [타다

자에몬에게] 말씀하신 것은, 위의 건을 분고노카미 님에게 물었더니, 이 일에 대해서는, 생각(충고)을 말씀하시지 않았기 때문에 [그렇게] 질문하여 [방침을] 물은 것은 당연한 일이라고 생각한다. 장군이 분부하신 것을 [그대로] 역관에게 전하는 것은 [장군의 지시가] 가볍게 들리기 때문에, 어떨까 라고 생각된다. 그거보다 교우부 타이후가 자신의 생각으로 해서 [저쪽에] 전하는 것이 [사정을 잘 이해

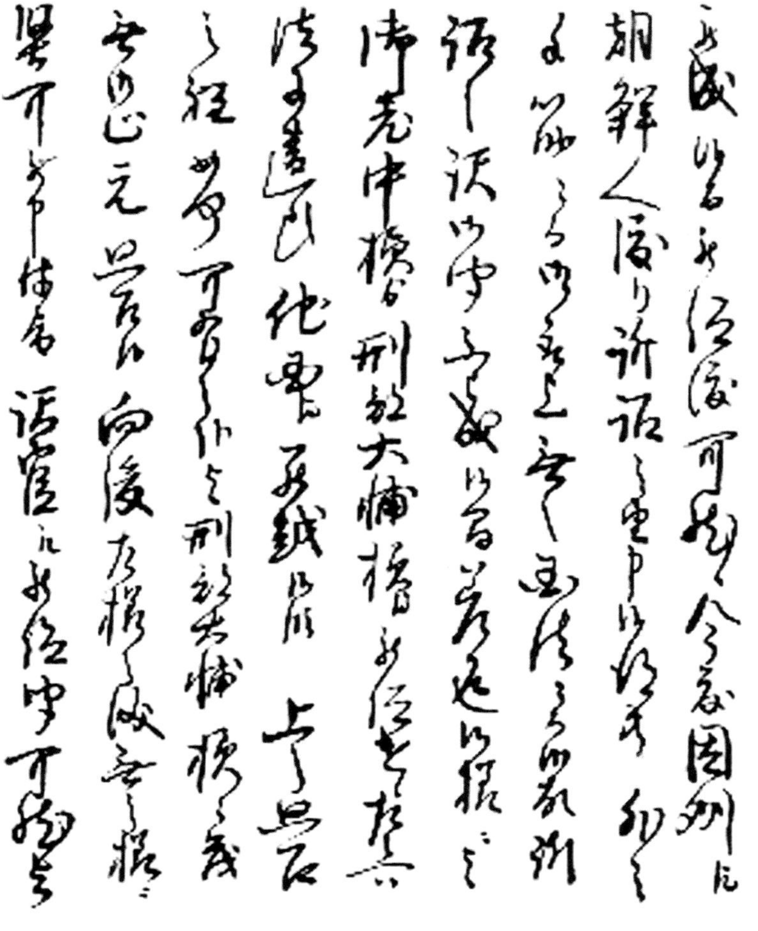

被成候而被仰渡可然候今度因州江朝鮮人渡り訴詔之由申候得共外之手筋ニ而御取上無之国法ニ而候故訴詔之訳御聞不被成候間差返候様ニ与御老中様より刑部大輔様江被仰遣候左候へハ法に違ひ他国江罷越候段 上之思召之程如何可有之哉与刑部大輔様ニ茂無御心元思召候向後左様之儀無之様ニ堅可被申付旨訳官江被仰聞可然与

しているだけに、むしろ]よいのではないか。今度、因州へ朝鮮人が渡り訴訟の由を申して来たが、[対州]以外の手筋で[このような事を]御取り上げになるような事は無い。そのような国法であるので[公儀が]訴訟の理由を御聞きに成られる事も無く[ただ]差し返す様にという事になる。そのように御老中様から刑部大輔様へ仰せがある。そうであれば[下々の者が]法に違反し、他国へ罷り越した事は[そのような違法を許した朝鮮国の]上の方々の考え方が問われるべきである。[朝鮮役を勤める]刑部大輔様にとっても[そのような事では]御心元なくお思いになるばかりであろう。向後、このような事が無い様に[朝鮮国では下々の者どもに]堅く申し付けをなさるべきである。このような趣旨を、訳官へお伝え下さればよい

하고 있는 만큼, 오히려] 좋지 않은가. 이번에 인슈에 조선인이 건너가 소송의 이유를 말하였으나, [타이슈우] 이외의 곳에서 [이와 같은 일을] 취급하는 것과 같은 일은 없다. 그러한 국법이기 때문에 [장군이] 소송의 이유를 들으시는 일도 없이 [그저] 돌려보내도록 하라고 하는 일이 된다. 그렇게 노중 님이 교우부 타이후님에게 명하셨다. 그렇다면 [아랫사람이] 법을 위반하고, 타국에 넘어간 것은 [그러한 위법을 허가한 조선국의] 윗사람들의 생각을 물어보아야 하는 일이다. [조선역을 맡은] 교우부 타이후 님으로서도 [그러한 일로] 불안하게 생각될 것이다. 향후 이와 같은 일이 없도록 [조선국에서는 아랫사람들에게] 엄하게 지시해야 한다. 이와 같은 취지를 역관에게 전해주시면 좋

右様ニ御座候ハヽ忠右衛門ニ入候ニ付相
儀ニ而候以後年ニ至候而も若書違も
有之候ハヽ朝鮮ゟ何角と申 大切之事ニ候間
右往復之書簡之内可有之候ニ付被成下
御相談之上ニ而書翰ニ被成候ニ付候而者
右申書之文進候ニ付其元之豊例様
御覧可被成可然様ニ御遣可被成候以
中被仰付御尤ニ存候 右書載有之候ハヽ御断
候処其例様共ニ若御相談ニ御座候

被存候由被申聞候付忠左衛門申入候ハヶ様之儀者御口上斗ニ而承候而者若承違も可有御座哉左候而者大切ニ奉存候間唯今被仰聞候趣乍御六ヶ敷御書付被成被下候様ニ与申達候処尤存候書付候而可進由被申奥江被入追付被罷出豊州様御逢可被成候間罷通り候様ニ与被申候付御前江罷通吉左衛門被致披露候処豊州様先江寄候様ニ与被仰候

のではないかと[吉左衛門は]申して来た。そこで忠左衛門が申し入れたのは、そのような事は御口上ばかりで承っても、もしも承り違いが起こったならば[大変な事で]そのような事も[大いに]有る事でございます。これは大切な事だと思いますので、唯今お話し下さった趣旨を、御難しい事ではございますが、御書付けに成さって下さいます様にと伝えた。すると[吉左衛門は]尤もに思うところでございます。書付けにして差し上げましょうと、そのように申され、奥へ入っていった。やがて出て来られ、豊州様が[直接]御逢いに成られると言う事で、罷り通る様にと申されたので、その御前へ[控えつつ]罷り出た。吉左衛門が[対馬府中藩の大浦忠左衛門でございますと、この度の参上を]披露された処、豊州様が、もっと前に寄る様にと仰せられた

지 않겠는가 라고 [요시자에몬이] 말했다. 그래서 타다자에몬이 말씀드린 것은, 그러한 일은 구상서만 받아도, 만일 잘못 받는 일이 생겼다면 [큰일로] 그와 같은 일도 [많이] 있는 일입니다. 이것은 중요한 일이라고 생각하기 때문에, 방금 말씀하여 주신 취지를, 어려운 일이기는 합니다만, 서류로 만들어서 주시도록 해달라고 전했다. 그러자

[요시자에몬은] 당연하다고 생각하는 바입니다. 서류로 해서 바치기로 합시다 라고, 그렇게 말씀하시고 안으로 들어갔다. 곧 나오셔서, 분고노카미 님이 [직접] 만나시겠다고 말씀하셨다며, 들어가라고 말씀하셨기 때문에, 그 앞으로 [조심스럽게] 나갔다. 요시자에몬이 [타이슈우후츄우의 오오우라 타다자에몬입니다 라고, 이번에 찾아온 것을] 말씀드렸더니, 호우슈우님이, 좀더 앞으로 다가오라고 명하셨기

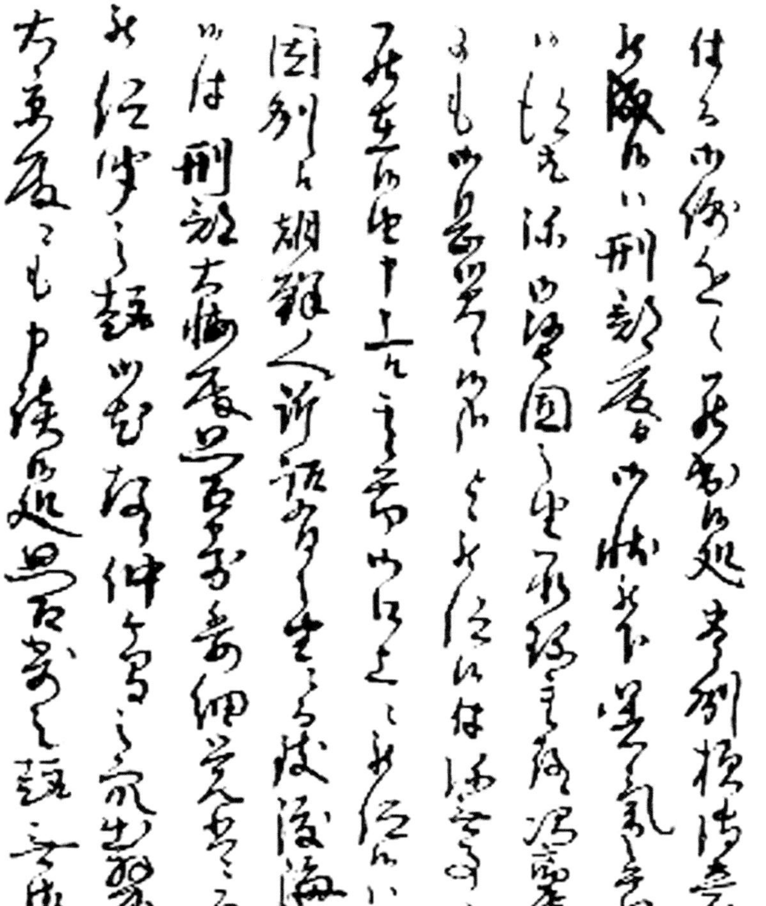

付而御側近く罷出候処豊州様御意被成候ハ刑部殿より御状被下暑気之節候得共弥御堅固之由承珍重存候次郎殿にも御息災ニ候哉与被仰候付弥無事ニ罷在候由申上ル其節御口上ニ被仰候ハ因州江朝鮮人訴詔有之由ニ而致渡海候付刑部大輔殿思召寄委細覚書ニ而被仰聞之趣御尤存候仲ヶ間之衆出羽殿右京殿ニも申談候処思召寄之趣無御

ので、御側近くに罷り出た。そこで豊州様がお考えを述べられた。刑部殿から御状をいただいた。暑気の節ではあるが、いよいよ御堅固の由を承り、珍重に思っている。次郎殿も御息災かと[豊州様が]仰せられたので、いよいよ無事に過ごしておりますと、そのような事を[忠左衛門は]申し上げた。その節[豊州様が]御口上で仰せられた事は、因州へ朝鮮人が、訴訟が有るとの事で、渡海を致した。その事に付き刑部大輔殿には、その思う処を委細に覚書にして御報告していただいた。まことに御尤もに思う処で、仲間の衆や出羽殿や右京殿にも[この覚書を示して]相談をした処[刑部大輔殿の]お考えの趣旨は[よく理解できる。]それを

때문에 곁으로 가까이 나갔다. 그러자 분고노카미 님이 생각을 말씀하셨다. 교우부 님이 보낸 서장을 받았다. 더운 계절인데 더 건강하다고는 말을 듣고 다행이라고 생각하고 있다. 지로우 님도 무사한가 라고 [분고노카미 님이] 말씀하셨기 때문에, 여전히 무사하게 지내고 계십니다 라고, 그러한 것을 [타다자에몬이] 말씀드렸다. 그때 [분고노카미 님이] 구상으로 말씀하신 것은, 인슈우에 조선인이 소송할 일이 있다며 도해했다. 그 일에 대해 교우부 타이후 님은, 그 생각하시는 것을 자세히 각서로 해서 보고하여 주셨다. 참으로 잘한 일이라고 생각하고, 동료들이나 데와 님이나 우쿄우 님에게도 [이 각서를 보이며] 상담했더니 [교우부 타이후 님이] 생각하시는 취지는 [잘 이해할 수 있다.] 그것을

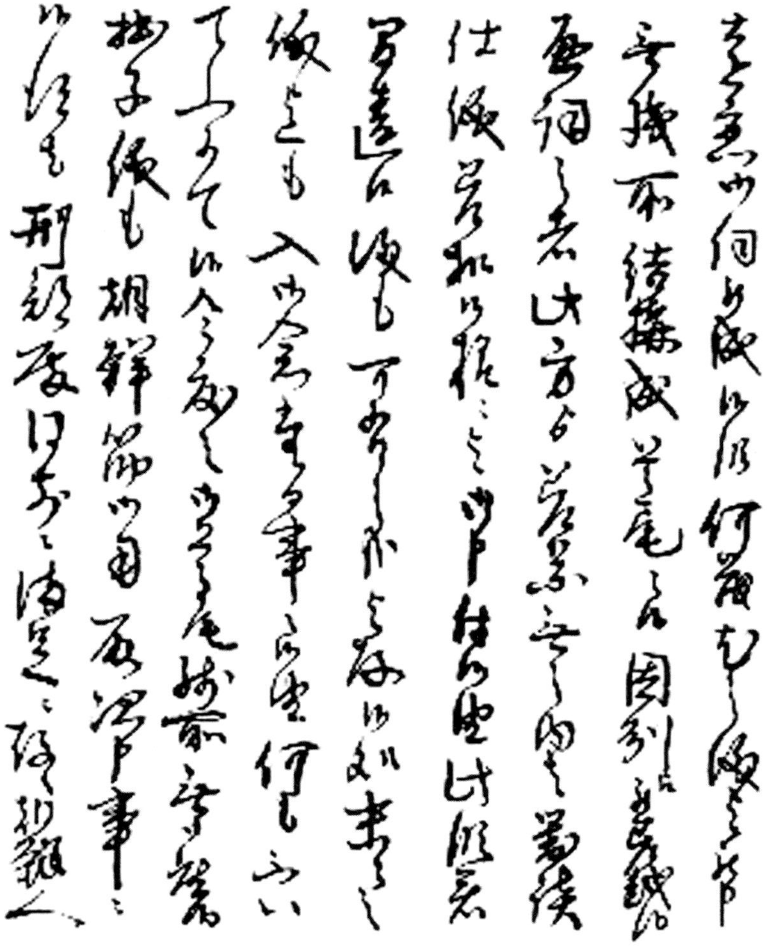

遠慮御伺被成候段何茂尤之儀与被申無残所結構成首尾ニ候因州[江]被差越候通詞之者此方より差図無之内者対談仕儀差扣候様ニ与御申付候由此段若間違候儀も可有之哉与存候処末々之儀迄も入御念たる事ニ候由何もふいてふにて候今度之御首尾残所無御座候拙子儀も朝鮮筋御用取次申事ニ候得者刑部殿同前ニ満足ニ存候朝鮮人

御遠慮無く[こうして公儀に]御伺いに成られた事は、いずれも尤もの事と[そのように皆様が]申された。そして全て異議なく、結構なる合意に至った。因州へ差し遣わされた通詞の者にも、此方から差図が無い内は[朝鮮人と]対談する事は差し控える様にと[そのように]申し付けられた由である。このような事は、もしや間違いが有ってもと、そのように思っての御配慮であろう。末々の事までも御念を入れて、お考えになっておられる。いずれも吹聴して良い程の事である。今度の[閣老間の]御論議は、全て異論なく、結構な形で合意に至った。拙者も朝鮮筋の御用を取次ぎするので、刑部殿と同様、満足に思っている。朝鮮人の

서슴없이 [이렇게 장군에게] 물으신 것은 어쨌든 잘한 일이라고 [그렇게 모두가] 말씀하셨다. 그리고 모두 이의 없이 좋은 합의에 이르렀다. 인슈우에 보낸 통사에게도, 이쪽의 지시가 없으면 [조선인과] 대담하는 일을 삼가라고 [그렇게] 지시했다는 것이다. 이러한 일은, 혹시라도 잘못이 있어, 그렇게 생각한 배려일 것이다. 훗날의 일까지도 대비하며 생각하고 계신다. 어쨌든 널리 알려도 좋을 정도의 일이다. 이번 [노중들의] 논의는 모두 이의 없이 좋은 형태로 합의에 이르렀다. 졸자도 조선 관계의 일을 주선하고 있으므로, 교우부 님과 마찬가지로 만족하게 생각하고 있다. 조선인의

許諾之儀候而上下被成候而国例ニ申

追退し候様ニと伯耆守殿へ大久保加賀守殿

江伝被候而対州相違無之可在

委細之儀も書付を以申御朝鮮御流之

御老中許諾ニ不成候儀ニ付候先

刑部大輔殿御座候ニ付候儀を以可然之

之儀候而再応ニ申候様ニ付寄[illegible]

申御此節ニ而何罷候以後之儀と

相極り孫[illegible]対州書付ニ付[illegible]

訴詔之儀御取上不被成候間因州より直ニ追返し候様ニ与伯耆守殿江大久保加賀守殿より被仰渡候間此段相違有之間敷候委細之儀者書付を以申渡候朝鮮漂流人於長崎訴詔ヶ間敷儀なと申候共刑部大輔殿より取次不被申候儀者御取上不被成候間取次不被申候様ニ与奉行方へも申渡候此度之御伺宜候付以後之儀迄相極り珍重存候此段書付ニ者無之候へ共

訴訟の事は、もう御取上げには成られない。因州から直接、追い返す様にと、伯耆守殿へも大久保加賀守殿から仰せがあるので、この事について[あちらこちらで]相違の有る筈は無い。委細は書付を以て申し渡すが、朝鮮からの漂流人は、長崎に於いて訴訟がましき事などを申しても、刑部大輔殿から取次ぎが無ければ、御取上げには成られない。そのような取次ぎはしないようにと[長崎]奉行へも申し渡しておく。この度の[刑部殿の]御伺いは実に相応しいものであった。以後の御方針も決まり[我々も]珍重に思うところである。この事は、書付けに書き載せてはいないが

소송의 일은, 이미 취급하는 일이 없을 것이다. 인슈우에서 직접 돌려보내도록 하라는, 호우키노카미에게도 오오쿠보 카가노카미 님의 지시가 있기 때문에, 이 일에 대해서는 [이곳저곳에서] 혼동하는 일이 없을 것이다. 자세한 것은 서류로 해서 건네주겠으나, 조선의 표류인은 나가사키에서 소송 비슷한 것 등을 말해도, 교우부 타이후 님의 주선이 없으면 취급해서는 안 된다. 그러한 주선은 하지 말도록 하라고 [나가사키] 부교우에게도 전하여 둔다. 이번에 [교우부 타이후가] 물으신 것은 참으로 적절한 일이었다. 이후의 방침도 결정되어 [우리도] 잘되었다고 생각하는 바이다. 이 일은 서류로 기재하지는 않았으나

可申越候、因幡之朝鮮人漂着之儀ニ付
刑部殿ゟ被仰聞之趣委細承知然付
相伺候処、先例者有之候而申達候得而者
手形何茂所持致候得共、何れ之様ニ候而
抜手不罷成候得者、定而其国ニ而何故
可申達、右之段刑部大輔殿方之番所ニ
可申越候、然処此度ハ以後朝鮮人江被仰
出候而、御勘定所衆へ相尋候様ニ被仰候、留守居も
可被成、以文之御沙汰ニ而承届候迄ハ、入港不仕様ニ可有之候

可申越候因幡江朝鮮人渡海之儀ニ付刑部殿より訳官江被仰渡様之次第能心付相伺候先刻吉左衛門を以申達候通ニ候其段何茂申談為致差図ニ而者無之候拙子了簡之通致差図候明日ニ而も何茂江可申達候右之段刑部大輔殿方江委細ニ可申越候次郎殿ニも以後朝鮮御役御勤被成儀ニ候間ケ様之儀者功学ニも可罷成事ニ候間得与申入候様ニ与被

[刑部殿へ是非]申し伝えて欲しいと思っている。因幡へ朝鮮人が渡海した事に付いて、刑部殿から訳官へ仰せ渡される様子の次第、能く心付いて[こちらに]伺いをして下さった。[それに付いては]先刻吉左衛門を以て申し伝えた通りである。この事は何れの方にも相談し[その何れの方の]指図をも受けるという事に成っては[大変なので]そのような事の無いようにしておきたい。[とりあえず]拙者の考え通りで差図をしておく。明日にも[閣老の御仲間の]何れの方へも、この事に付いて[事情を]申し伝えておく。右の事は、刑部大輔殿方へ委細を申し伝えておいて欲しい。次郎殿へも[申し伝えておいて欲しい。次郎殿は]今後、朝鮮御役を御勤めに成られるので、このような事は、よい功学(勉強)にも成る事であるので、しっかりと申し伝えておいて欲しい。この様に

[교우부 타이후에게 꼭] 전해주었으면 하고 생각하고 있습니다. 이나바에 조선인이 도해한 일에 대해서, 교우부 님이 역관에게 전달하는 상황에 따라, 신경을 써서 [이쪽에] 물어주셨습니다. [그것에 대해서는] 앞서 요시자에몬을 보내 말을 전한 대로이다. 이 일은 어떤 분과도 상담하고 [그 아무 분의] 지시를 받는다고 하는 일이 되면 [큰일이

기 때문에] 그러한 일이 없도록 말해두고 싶다. [어쨌든] 졸자의 생각대로 지시하여 두겠다. 내일이라도 [여러 노중] 모두에게도, 이 일에 대한 [사정을] 말해두겠다. 위의 일은 교우부 타이후 님 쪽에 자세한 것을 전하여 두었으면 합니다. 지로우 님에게도 [전하여 두었으면 합니다. 지로우 님은] 금후 조선역을 맡으시게 되시므로, 이와 같은 일은 좋은 공학(공부)이 되는 일이므로, 분명히 전해주었으면 한다. 이와 같이

仰聞候付忠右衛門申上候通ニ候ニ付為入
御念候由御意之趣刑部大輔江御礼申上候も
具ニ可申上旨申候得ハ此段ハ心入候様ニと存候
而御座候刑部大輔之儀於而も新可存候
申上退出仕候而右書付刑部様江差上候ハゝ
折々致伺公候得共御留守ニ而被遣先達而被仰付
被成候ニ付無返答被成候へ隣国之儀ニ候ハ家老共
来候得ハ致候而右之段仰候由付難有旨申上
退出仕候向後者右之段ニも一礼申置候

仰聞候付忠左衛門申上候者段々被為入御念候御意之趣刑部大輔次郎江も具ニ可申聞候此度之儀御心入故首尾能被仰出刑部大輔ニ茂別而忝可奉存候由申上退出仕候節豊州様御意被成候ハ折々致伺公候得共御用御取込被遊候付度々ニ御逢不被遊候勝手ニ而茶を給罷帰候様ニ与被仰聞候付難有由申上退出仕御次ニ而吉左衛門江も一礼申罷帰候

お話し下さったので、忠左衛門が申し上げた事は、色々と、このような御心入れをいただき[感謝を申し上げます。]御話し下さった御趣旨については、刑部大輔、次郎へも、具に報告を致します。此の度の事は、そのような御心入れをいただき、首尾能く合意がなったとお話し下さり、刑部大輔にとっても、格別に忝なく思うところでございます。そのように申し上げて、退出しようとしたところ[なお]豊州様は御言葉を掛けて下さった。折々に伺候致しているようであるが、御用で取り込んでおり、度々に逢うような事はできなかった。[そのような貴殿の御苦労を承知し、ねぎらうので]勝手方にて茶でも飲んで[ゆっくりしてから]帰る様にと、そのように仰せられた。有り難き幸せでございますと申し上げ、退出を仕った。御次の間にて、吉左衛門にも一礼を申し、罷り帰った。

말씀해주셨기 때문에, 타다자에몬이 말씀드린 것은, 여러 가지로 이렇게 마음을 써주신 것에 [감사드립니다.] 말씀해주신 취지에 대해서는 교우부 타이후, 지로우에게도 자세히 보고하겠습니다. 이번의 일은 그렇게 마음을 써주셔서, 좋게 합의가 이루어졌다고 말씀하여 주셔서, 교우부 타이후도 아주 황송하게 생각하실 것입니다. 그렇게 말씀드리고 퇴출하려고 했을 때 [또] 분고노카미 님이 말을 걸어주셨다. 자주 찾아오신 것 같은데, 일이 분주하여 자주 만나지는 못했다. [그러한 귀하의 수고를 알고 위로하니] 주방 쪽에서 차라도 마시며 [쉬었다가] 돌아가라고, 그렇게 말씀하셨다. 고맙기 그지 없습니다 라고 말씀드리고 퇴출했다. 대기실에서 요시자에몬에게도 예의를 표하고 돌아왔다.

(41-09)

〃豊後守様御渡被成候御書付左ニ記之

(41-09)

〃豊後守様が御渡し下さった御書付を左に記す。

(41-09)

〃분고노카미 님이 건네주신 서부를 아래에 기록한다.

口上覚

今度朝鮮人困窮ニ付 被渡海ニ付座候
ニ而下々迄難儀仕 如何様之儀ニ付 相成付
不通困窮ニ付 又者難儀仕候得共
ニ付大慶忠義之儀申上 此段奉差上
書付を以御知ニ付 出度 朝鮮人之難儀
訴訟申上候儀ニ付 少存之者共ニ 民困窮ニ付
志被成御座甚之作為 被為思召候

口上覚

今度朝鮮人因州江致渡海候付通詞之者可被差越旨加賀殿より被相達付早速因州江被差越候依之思召寄之趣大浦忠左衛門を以覚書被差出委細令承知候此度朝鮮人如何様之訴詔申上候儀者御存無之候へ共因州江志致渡海其上竹嶋落着之儀

口上の覚

今度、朝鮮人が因州へ渡海した事に付き、通詞の者を[現地へ]派遣するよう、加賀殿から御差図があった。それゆえ早速、因州へ[通詞の者を]派遣なさった。これに依り、お考えの趣旨を、大浦忠左衛門を以て覚書として差し出され、委細を理解できるようにして下さった。[すなわち]この度の朝鮮人が、どのような訴訟を言い出すのかは分からないが、因州へ向かって渡海しており、其の上、竹嶋落着の事を、

구상의 비망록

이번에 조선인이 인슈우에 도해한 일에 대해, 통역하는 자를 [현지에] 파견하라는, 카가 님의 지시가 있었다. 그래서 서둘러 인슈우에 [통사를] 파견하셨다. 이에 따라, 생각하시는 취지를 오오우라 타다자에몬을 통해 각서를 제출하여, 자세한 것을 이해할 수 있도록 해주셨다. [즉] 이번에 조선인이 어떠한 소송을 말했는가는 알 수 없으나, 인슈우를 향하여 도해하였으며, 그 위에 죽도일건이 낙착된 것을,

寺社中役所ニ而も宜ク御沙汰被成候得とも
て御座候然ル處方信様ニ而借出
未ダ御座候而此度通詞ニ相成候上
ハ其所以ハ借主ニ御座候可存此段
朝鮮人召連来通詞仕候處相伺ニ
為少く朝鮮ニ而ハ可有之夜分之儀ニ以来ハ
致し候得とも東通詞借金之事六ケ敷
御座候可申上ニ然ル自分ニ而役所
仰付置ニ御取極も無之事ニ而甚以上

未被申渡候得共定而竹嶋之儀ニ而も可有之哉然者前方結構ニ被仰出未被申渡内此度之訴詔之様子取上候而者前以被仰出候儀者不存此度朝鮮人差渡直ニ訴詔仕候故相叶候なとゝ朝鮮国ニ而可存候左候而者以来共ニ少之儀ニ而も直ニ訴詔仕候者事六ヶ敷儀度々可有之候殊御自分御役被仰付置候規模も無之事候其上

未だ[彼の国に]申し渡していない段階の事であり、あるいは[その訴訟とは]竹嶋の事かもしれないと[こちらに伝えて下さった。]もしそうであれば、あちらに結構に成るような決定が、すでに下されており、未だ[彼の国に]申し渡していないこの段階で、このような訴訟を取り上げてしまっては、こちらの前以ての決定など[あたかも]存在しなかったかのようになってしまう。[彼の国から]この度、朝鮮人の差し渡しがあり[それによって]直に訴訟を行う事になってしまっては[おかしな誤解を与えてしまう。]つまり[そのような決定がなされ、朝鮮の側の希望が]相叶ったなどと、あちらの朝鮮国では思ってしまうであろう。そうなっては今後、少しの事でも、直ぐに訴訟という事になってしまう。そうなれば小難しい事が、これから度々起こってくるに違いない。殊に御自分(刑部大輔)様のような[朝鮮との交渉の]御役を仰せ付けられた[立場にあれば]その役柄は、もう無いに等しい事になってしまう。其の上、

아직 [그 나라에] 전달하지 않은 단계의 일로, 어쩌면 [그 소송이란] 죽도의 일일지도 모른다고 [이쪽에 전해주셨다.] 만일 그렇다면, 저쪽에 좋은 결정이 이미 내려져 있다. 아직 [그 나라에] 전달하지 않은

이 단계에서, 이와 같은 소송을 취급하고 말면, 이쪽에서 이미 결정한 것 등은 [마치] 존재하지 않았던 것처럼 되고 만다. [그 나라에서] 이번에, 조선인을 건너보내는 일이 있어 [그것에 따라] 직접 소송을 하는 일이 되고 말면 [이상한 오해를 하게 하고 만다.] 즉 [그러한 결정이 이루어져, 조선 측의 희망이] 이루어졌다는 등, 저쪽 조선국에서는 생각하고 말 것이다. 그렇게 되면 금후, 조그만 일이라도 직접 소송하게 되는 일이 되고 만다. 그렇게 되면 어려운 일이, 이후로 자주 생기는 것이 틀림없다. 특히 당신(교우부 타이후 님)과 같은 [조선과의 교섭] 역할을 지시받은 [입장이라면] 그 역할 내용이, 이미 없는 것과 같은 일이 되고 만다. 그 위에

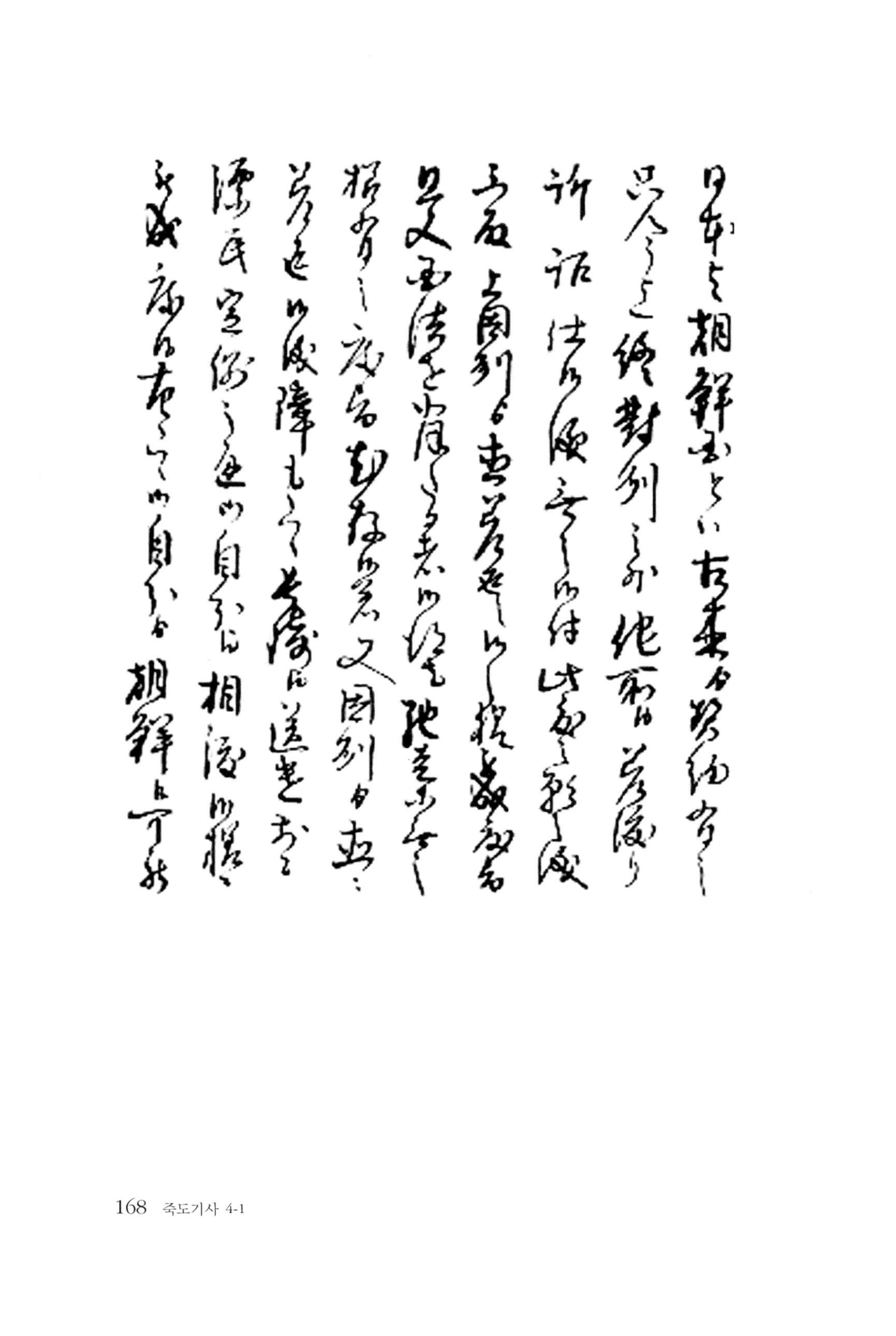

[illegible]

日本与朝鮮国とハ古来より契約有之只今迄終ニ対州之外他所江差渡り訴詔仕候儀無之候付此度之願之儀不取上因州より直差返シ候之様被成度旨且又国法を背たる者候得者馳走等無之様有之度旨尤存候若又因州より直ニ差返候儀障も候ハヽ長崎江送遣前々漂民定例之通御自分江相渡候様ニ被成度候左候ハヽ御自分より朝鮮江可被

日本と朝鮮国とは、昔から[通交に於いて]契約というものが有る。[それは対州を介して全てを行うと言うもので]これまで、ついぞ対州の外に行き、他所へ差し渡って訴訟をするというような事は無かった。それゆえ、この度の[朝鮮人の]願いは取り上げず、因州から直ちに[彼らを朝鮮へ]差し返す様に成され度いと、そのような御趣旨[を御提案なさった。]且つ又[この者どもは]国法に背いている者であるので、馳走などの支給は無い様にしていただきたいと、そのような御趣旨[の御提案もなさった。]これら[の御提案は、まことに]尤もに思うところである。もしまた、因州から直ちに差し返す事が、差し障りのあるような事であれば、長崎へ送り遣わし、前々からの漂民の定例の通りに扱い[対州の]御自分の所へ、お渡しに成られるようにと[そのような事をもお伝え下さった。]もしそうなれば、御自分の所から[この者どもを]朝鮮へ

일본과 조선은 옛날부터 [통교에 대한] 계약이라는 것이 있다. [그것은 타이슈우를 중개로 해서 모든 것을 행한다는 것으로] 지금까지 타이슈우 이외의 곳에 가서, 다른 곳에 건너가서 소송을 한다는 것과 같은 일은 없었다. 그렇기 때문에, 이번 [조선인의] 소원은 취급하지 않고, 인슈우에서 직접 [그들을 조선으로] 돌려보내도록 하고 싶다 라고, 그러한 취지[를 제안하셨다.] 그리고 또 [이 자들은] 국법을 어긴 자이기 때문에, 접대 등의 지급은 하지 않도록 해야 한다고, 그와 같은 취지[의 제안도 하셨다.] 이러한 [제안들은 아주] 당연하다고 생각하는 바이다. 만일에 또 인슈우에서 직접 돌려보내는 일에 어려움이 있을 것 같으면, 나가사키로 송치하여, 이전의 표민을 취급한 전례에 따라 취급하여 [타이슈우의] 당신의 곳에, 건네주도록 하라고 [그러한 것도 말씀해주셨다.] 만일 그렇게 되면 당신 쪽에서 [이 자들을] 조선에

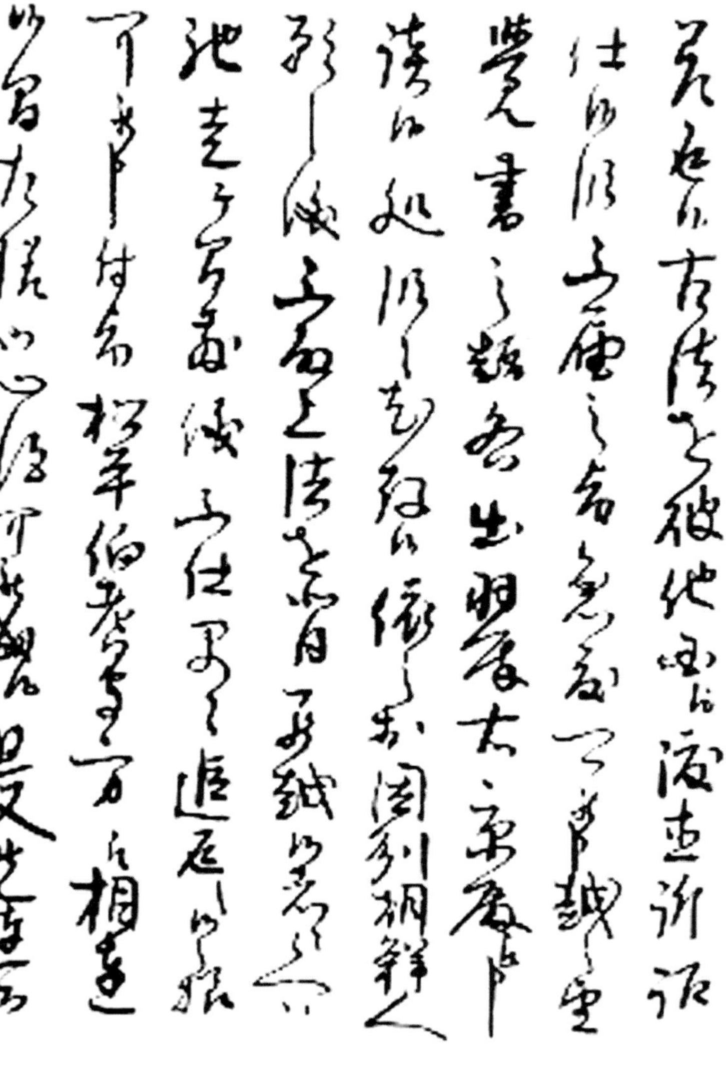

差返候古法を破他国江渡直訴詔仕候段不届之旨急度可被申越之由覚書之趣各出羽殿右京殿江申談候処段々尤存候依之於因州朝鮮人願之儀不取上法を背罷越候者ニ候へハ馳走ヶ間敷儀不仕早々追返シ候之様可被申付旨松平伯耆守方江相達候間左様御心得可被成候且又先達而

差し返すと、そのようにもお話し下さった。そしてまた、古法を破って他国へ渡り、直接、訴訟を申し出るような不届き者については、その旨を厳しく[あちらへ]申し伝えなければならないと[お話し下さった。]そのような覚書の趣旨について、閣老各位、出羽殿、右京殿と論談した処、そのそれぞれに付いて[皆が]尤もに思った所であった。これ依り[衆議一決し]因州に於ける朝鮮人の願いの儀は、取り上げぬ事になった。法に背いて罷り越した者であるので、馳走のような事はせず、早々に追い返すよう命ずるべきとなり、その旨を松平伯耆守方へ[改めて]申し伝える事になった。それゆえ、その旨を承知して置いていただきたい。且つ又、先達って

돌려보낸다 라고, 그렇게도 말씀해주셨다. 그리고 또 고법을 깨고 타국에 건너와, 소송을 이야기하는 것과 같은 발칙한 자에 대해서는, 그 내용을 엄하게 [저쪽에] 전해야 한다고 [말씀하셨다.] 그러한 각서의 취지에 대해, 노중 각위, 데와 님, 우쿄우 님과 논담했는데, 그 모든 것에 대해 [모두가] 당연하다고 생각하고 있었다. 이것으로 [중의가 일치하여] 인슈우에서 조선인이 원하는 것은 취급하지 않기로 했다. 법을 어기고 넘어온 자이기 때문에 대접 같은 것은 하지 않고, 서둘러 돌아가도록 명해야 하는 것으로 하여, 그 내용을 마쓰타이라 호우

키노카미에게 [다시] 전하기로 했다. 그렇기 때문에 그 뜻을 알아두었으면 한다. 또 요전에

被仰付候　雖然　御請申上候段以哉

此度之所領之取計遠方候ニ付可
且又作法之儀今一往相尋世之
内々ニ而下知有之候國役人以会所存候

併関判之事ニ付朝鮮人江遣候様被仰付度存候
上之御請渡海之御用等ニ付仕度候
奉存候下知相違候

被仰付候趣今度訳官罷渡候共此度之訴詔之品ニより間違申儀も可有之哉左候得者　今一往差図無之内者可被差扣旨承届入御念儀存候併因州より直ニ朝鮮人差返候様ニ申遣候上者訳官渡海次第前方被仰出之通弥可被相達候

[御城で御老職御列座の中]仰せ渡された事については(註1)[その決定を、今回、朝鮮へ伝える事については]今度訳官が[対州へ]渡って来ても、この度の訴訟の性質によっては[誤解を招かないようにしなければならない。あちらが訴訟を申し入れた事で、このような決定が下ったのだと、あちらが勝手に思い違いをし]間違いを申す事も[十分に]有る事である。もしそうであれば[いよいよ混乱を招いてしまう。それゆえ]今一往、差図が無い内は[因州に差し遣わした通詞が朝鮮人と対談するような事は]差し控えられるべきであろう。その旨の[御指示を、すでに通詞に与えていると、そのような]お届けをいただいた。そのように御念を入れられた事を[只々]感じ入るばかりである。併せて[申し伝えておくが]こうして因州から直ちに朝鮮人を[その本国へ]差し返す様に[伯耆守殿へ]申し伝えた上は[対州へ]訳官が渡海次第、前以て御指示のあった通りに、いよいよ[こちらの決定を朝鮮へ、正しく]伝えていただきたい。

[성에서 노직이 열좌한 가운데] 명령하여 주신 것에 대해서는 [그 결정을 이번에 조선에 전하는 것에 대해서는] 지금 역관이 [타이슈우에] 건너와도, 이번 소송의 성질에 따라서는 [오해가 생기지 않도록 하지 않으면 안 된다. 저쪽이 소송을 신청한 일로, 이와 같은 결정이

내려졌다고, 저쪽이 멋대로 잘못 생각하여] 잘못 말하는 일도 [충분히] 있을 수 있다. 만일 그렇게 되면 [혼란을 초래하고 만다. 그렇기 때문에] 지금 일단, 지시가 없는 한 [인슈우에 보낸 통사가 조선인과 대담하는 것과 같은 일은] 삼가야 할 것이다. 그런 내용의 [지시를] 이미 통사에게 주었다고, 그러한] 연락을 받았다. 그렇게 신경을 쓴 것은 [그저] 감탄하고 있을 뿐이다. 아울러 [전해 두겠는데] 이렇게 해서 인슈우에서 직접 조선인을 [그 본국에] 돌려보내도록 하라고 [호우키노카미 님에게] 전한 이상은 [타이슈우에] 역관이 도해하는 대로, 전에 있었던 지시대로 [이쪽의 결정을 조선에 바르게] 전해주었으면 한다.

一 右御用候ハヽ差急申遣し、諸事何分
被相待候ハ、書面之趣致承知候、
候ニ付、及違乱候ゟ自分申合
無之様、兼而申聞置候得共、何分も被成候様
存候ニ付、書面之趣ハ無之様、兼而申合
御申越候ニ付、猶又右之趣委細
刑部大輔殿ヘ可申上候 以上

七月廿四日

一 別紙被仰聞候書簡通用之訳も何茂江致物語候遠方之儀故彼是与いたし候而者及遅々候間御自分思召之旨無遠慮御申越候由何も尤成御了簡与被申候重而も無御遠慮思召寄之旨御申越候様ニ与存候右之段委細刑部大輔殿江可被申達候以上

七月廿四日

一 別紙にて、お聞かせいただいた[朝鮮との往復の]書簡、その通用[が滞った]理由について、いずれの方様へも御物語をし[説明をして]おいた。遠方の事ゆえ[交渉の都度]あれこれと[公儀の判断を仰ぐ事に]相成っては[いよいよ、その解決は]遅々に及ぶ。それゆえ[刑部大輔殿が]御自分のお考え通り、遠慮無く[あちらへ]申し入れるのが[宜しいのではなかろうか。]いずれの方様も[そのような交渉の方式が]尤もであると、そのように御理解下さるであろう。重ねて申す事ではあるが、御遠慮無く、お考え通りの趣旨を[あちらへ]申し入れるよう、なさっていただきたい。右の事を委細に、刑部大輔殿へ申し伝えていただきたい。以上である。

七月二十四日

1. 별지로, 들은 [조선과 왕복한] 서간, 그 통용[이 지체된] 이유에 대해, 여러 사람에게 이야기하고 [설명하여] 두었다. 먼 곳의 일이기 때문에 [교섭할 때마다] 이것저것 [장군의 판단을 묻는 일이] 되어서는 [점점 그 해결은] 늦어지게 된다. 그렇기 때문에 [교우부 타이후 님이] 자기가 생각하는 대로, 거리낌 없이 [저쪽

에 요구하는 것이 좋지 않을까.] 모든 분이 [그와 같은 교섭 방식이] 당연하다고, 그렇게 이해하여 주실 것입니다. 거듭 말하는 것이지만, 삼가는 일 없이, 생각하시는 일의 취지를 [저쪽에] 요구하여 주었으면 합니다. 위의 일을 자세히 교우부 타이후에게 전해주었으면 한다. 이상입니다.

7월 24일

一 三浦吉右衛門方ゟ忠右衛門江相渡候

書付相渡し

(41-10)

〃三沢吉左衛門方より忠左衛門江被相渡候書付左ニ記之

(41-10)

〃三沢吉左衛門方から大浦忠左衛門へ渡された書付を左に記す。

(41-10)

〃미사와 요시자에몬 측에서 오오우라 타다자에몬에게 건넨 서부를 아래에 기록한다.

譯官御國之者へ為致詮議因州ゟ
渡候朝鮮人之儀譯官ゟ申ゟ候處
外之由候上ゟ被仰付候可然
候得共又刑訊大備構ニ自分之
四方筈ニ候得共以程可為仕又ゝ
因州之廣海之儀ニ存之ぶ可為
少之者ニ候得共ニ迄於其後書也

訳官渡海之節今度訴詔ニ因州江渡候朝鮮人之儀訳官江可被仰渡哉之由依之 上之被仰付之様可被仰渡候哉又刑部大輔様御自分之御了簡被仰断候様可被成哉又者因州江渡海之儀御存無之分ニ可被成哉之旨被仰聞候通則豊後守江申

訳官が[対馬に]渡海の節、今度、訴訟のため因州へ渡って来た朝鮮人の事を[どのように]訳官へ言い渡すべきか[難しい所である。]これに付いては、上様の御命令で[公儀が指示を下した]ように伝えるのがよいのか、又は刑部大輔様が御自分の御考えで言い渡しを成さるのがよいのか、又は因州へ渡海の事は[全く]御存じ無いと、そのような言い分でお伝え成さるのがよいのか[確かに判断に迷うところである。この]お聞き致した事を、直ぐに豊後守へ尋ねた

역관이 [쓰시마에] 도해할 때, 이번에 소송하기 위해 인슈우에 건너온 조선인의 일을 [어떻게] 역관에게 전해야 할 것인가 [어려운 점이 있다.] 이것에 대해서는 장군의 명령으로 [막부가 지시를 내린 것]처럼 전하는 것이 좋을 것인지, 또는 교우부 타이후 님 자신의 생각을 말로 전하는 것이 좋을 것인가, 또는 인슈우에 도해한 일을 [전혀] 알지 못한다고, 그렇게 전하는 것이 좋을 것인지 [확실한 판단에 주저하고 있습니다.] 들은 내용을 즉시 분고노카미에게 물었

申越 上ニ而御付候様ニ御座候ニ付
仰遣候儀ニ候、右ニ付被成候
以前朝鮮書翰様之儀ニ付而ハ御座候
御添可被成候、今之分 国刻ニ朝鮮人
添り所指之事ニ以後加之之事ニ宜候
王清之右衆所指之候得共
日也之書中様ニ朝鮮書翰様ニも可候

聞候処 上より被仰付之様ニ訳官江被仰達候儀者軽々敷候得而如何敷存候間刑部大輔様御自分之御了簡被仰渡可然候今度因州江朝鮮人渡り訴詔之由申候得共外ニ而御取上無之国法ニ而候故訴詔之訳不聞召被差返候由御老中様より刑部大輔様江も被仰

処[そのような事を]上様の御命令のようにして訳官へ申し伝えるのは[上様の御権威が]軽々しく聞こえてしまうので、どうかと思う。それに対し、刑部大輔様が御自分の御考えを、そのまま[あちらへ]申し伝える方が[いかにも]自然のように聞こえる。今度、因州へ朝鮮人が渡り、訴訟の由を申して来たが[対州]以外の所で[朝鮮人の訴訟を]御取り上げする事は罷り成らぬというのが[我が国の]国法である。それゆえ訴訟の理由を聞くまでもなく[そのまま朝鮮へ、その者どもを]差し返す事になった。そのような事が御老中様方から刑部大輔様へ連絡が

더니 [그와 같은 것을] 장군이 명령한 것으로 해서 역관에게 전달하는 것은 [장군의 권위가] 가볍게 들리고 말기 때문에, 어떨까 라고 생각한다. 그것에 대해, 교우부 타이후 님이 자신의 생각을 그대로 [저쪽에] 전달하는 것이 [아무래도] 자연스럽게 들린다. 이번에 인슈우에 조선인이 건너와 소송의 내용을 말해왔으나 [타이슈우] 이외의 장소에서 [조선인의 소송을] 취급하는 일은 할 수 없다는 것이 [우리나라의] 국법이다. 그렇기 때문에 소송의 이유를 들을 필요도 없이 [그대로 조선으로 그자들을] 돌려보내게 되었다. 그와 같은 일을 노중분들이 교우부 타이후에게 보내는 연락이

是ハ尤候様ニ承候と委し候而絶具ニ承知候
上ニ可申上候 刑部大輔様之儀共ニて
有之候処 無相違 御後を相頼候
由ニ候 異可然 任御意申入候
申可然様ニ存候 此段申上候 以上
七月十九日

遣候左候得者法を違ひ他国江罷越候段　上之思召之程刑部大輔様ニ茂如何可有之哉与無心元思召候向後左様之儀無之様ニ堅可被仰付旨訳官江被仰聞可然与存候由被申候以上

七月廿四日

あった。そうであれば[朝鮮の民が]法に違反し他国へ罷り越した事について[朝鮮国の]上つ方のお考えは[果たして]どのようなものであろうか。刑部大輔様にとっても、これは[由々しき事であり、果たして]如何なものかと心配なさっておられる。向後このような事が無い様に、堅く[下々の者に]御命令を下し置かれるべきであると、そのような趣旨を、訳官へ申し伝えるべきと思うと、そのように申されていた。以上

七月二十四日

있었다. 그러기 때문에 [조선 백성이] 법을 위반하고 타국으로 넘어온 것에 대해 [조선국의] 윗분의 생각은 [과연] 어떤 것일까, 교우부 타이후 님으로서도, 이것은 [중대한 일로, 과연] 어떤 일일까 라고 걱정하고 계신다. 향후 이와 같은 일이 없도록, 엄하게 [아랫사람들에게] 명령을 내려두어야 한다고, 그와 같은 취지를 역관에게 전해야 한다고 생각한다고, 그렇게 말씀하셨습니다. 이상

7월 24일

〻天龍院公ニハ豊後守様ゟ之御書被遣候

候し

(41-11)

〃天竜院公江豊後守様より之御返書左ニ記之

(41-11)

〃天竜院公(宗義真)へ豊後守様からの御返書があった。左にこれを記す。

(41-11)

〃텐류우인 공(소우 요시자네)에게 분고노카미 님이 보낸 답서가 있다. 아래에 이것을 기록한다.

去九日之状令披見候、然者朝鮮
人因幡江渡海ニ付、為通詞之者彼處江
可被差越哉否、加賀守殿ゟ相尋候付、早速
申付候哉之由被申候ニ付、御自分ゟ只今
前々之趣大浦忠左衛門ニ申含差出
一々承知ニ各出羽守殿太事之處委細
上清ゟ申哉、以御座候、被仰付候様

去九日之御状令拜見候然者先頃朝鮮人因幡国江渡海候ニ付通詞之者彼国江可被差越旨加賀殿より被相達候付早速御申付被越候由此儀ニ付御自分思召寄之趣大浦忠左衛門を以覚書被差出一々令承知候各出羽殿右京殿へ委細申談候御申越候通段々尤存候依之

去る九日の御状を拝見致しました。それによれば、先頃朝鮮人が因幡国へ渡海したことで、通詞の者を彼の国へ差し遣わすよう、加賀守殿から連絡が行き、早速そのように申し付けていただきました。この事に付いて、御自分のお考えの趣旨を、大浦忠左衛門を以て[こちらに]覚書として差し出されました。その内容についても一々承知を致しました。各閣老の方々、出羽殿、右京殿へも、この委細を相談致しましたところ、御提案の通り、その様々に付いて、皆が尤もに思いました。この相談に依って、

지난 9일의 서장을 배견하였습니다. 그것에 의하면 지난번에 조선인이 이나바노쿠니에 도해한 일로, 통역하는 자를 그 나라에 파견하도록, 카가노카미 님이 연락을 보내, 서둘러 그렇게 연락을 받았습니다. 이 일에 대하여 당신이 생각하는 취지를, 오오우라 타다자에몬을 통해 [이쪽에] 각서로 해서 제출해주었습니다. 그 내용에 대해서도 하나하나 알게 되었습니다. 노중분들, 데와 님, 우쿄우 님에게도, 이 자세한 것을 상담했는데, 제안하신 대로, 그 여러 가지에 대해 모두가 당연하다고 생각했습니다. 이 상담에 따라

於因州朝鮮人致言上候書付弐通
差越之候 請取之候 遂披露
之候 可申付旨 御老中方より相
達候 重而ニても 朝鮮より向後右様之
之書付 不申候様ニ被仰付候
候 何茂 右之事ニ付 此旨 可被得其意候

七月九日　　阿部豊後

宗刑部大輔殿

於因州朝鮮人願不取上法を背罷越候者ニ候得者馳走ヶ間敷事無之追返候様ニ可被申付旨則伯耆守方江相達候重而とても朝鮮御用向之儀者無御遠慮可被仰聞候此度之御伺尤之儀与何茂被申事ニ候恐惶謹言

七月廿四日　　　　　　　　　　　阿部豊後守

宗刑部大輔様

因州に於いては、朝鮮人の願いを取り上げない事になりました。法に背いて罷り越した者でありますので、馳走らしい事もせず追い返す様にと、そのように申し付けるべきを伯耆守方へ伝達致しました。重ねて申しますが、朝鮮の御用向きに付いては、御遠慮無く[今後も御意見を]お聞かせ下さい。この度の[貴方様の]御伺いは、尤もの事と、いずれの方も、そのように申しておられました。恐惶謹言

七月二十四日　　　　　　　　　　　阿部豊後守

宗刑部大輔様

인슈우에서는 조선인의 소원을 취급하지 않기로 했습니다. 법을 어기고 넘어온 자들이기 때문에 접대 같은 것도 하지 않고 돌려보내도록 하라고, 그렇게 지시할 것을 호우키노카미 님에게 전달했습니다. 거듭 말씀드립니다만, 조선에 관한 일에 대해서는 어려워 마시고 [금후로도 의견을] 들려주세요. 이번에 [귀하가 하신] 질문은 좋은 것이었다고 모두가, 그렇게 말하고 있었습니다. 삼가 말씀드립니다.

7월 24일　　　　　　　　　　　아베 분고노카미

소우 교우부타이후 님

一 同日大久保加賀守様ゟ御書付出ル其覚
之別紙ニ御渡 去冬因幡伯耆朝鮮人
来候ニ付 御尋之者共相尋之事
其以後御同名刑部大輔様へ被仰付
御延尋之者人 住一人 伯耆一人
以上四人 被召置 御飛脚 其後被召
一 御同御級 付其後被召 候
御座候得共 因幡 之者共
朝鮮人為御尋 被成候 刑部大輔様

(41-12)

〃同日大久保加賀守様より御使者来ル御口上ハ先刻者御使者今度因幡江朝鮮人参候ニ付通詞之者被遣候様ニ与申達候付御同名刑部大輔様江被仰遣候処通詞之者弐人侍一人佑筆一人以上四人被差遣候就夫豊後守様江御伺候儀有之候付豊後守様御差図御座候而其段因幡江被仰遣候迄者朝鮮人江通詞仕間敷由刑部大輔様

(41-12)

〃同日、大久保加賀守様から御使者が来た。その御口上は、先刻[対州殿から]の御使者が[此方に伝えた事は]今度因幡へ朝鮮人が参ったので、通詞の者を[因幡へ]差し遣わすようにと、そのような御指示を受けた。それを承け、御同名(宗氏)の刑部大輔様へ伝え、通詞の者二人、侍一人、佑筆一人、以上四人を差し遣わす事になった。それに就いて[刑部大輔様から]豊後守様へ御伺いの事が有り、豊後守様の御差図[の趣旨が明確となって]その事が因幡へ仰せ遣わされる迄は、通詞の役を引き受ける事は差し控える様にと、刑部大輔様の

(41-12)

〃동일에 오오쿠보 카가노카미 님의 사자가 왔다. 그 구상서는, 앞서 [타이슈우 님]의 사자가 [이쪽에 전한 것은] 이번에 이나바에 조선인이 왔으므로 통사를 [이나바에] 보내도록 하라고, 그와 같은 지시를 받았다. 그것을 받고, 동명(소우 씨) 교우부 타이후 님에게 전하여 통사 2인, 시중 1인, 유우히쓰 1인, 이상 4인을 파견

하기로 했다. 그것에 대해 [교우부 타이후 님이] 분고노카미 님에게 여쭙는 일이 있어, 분고노카미 님이 지시한 것의 [취지가 명확해져] 그 일이 이나바에 전달될 때까지는 통사의 역할을 맡는 일은 삼가도록 하라고, 교우부 타이후 님의

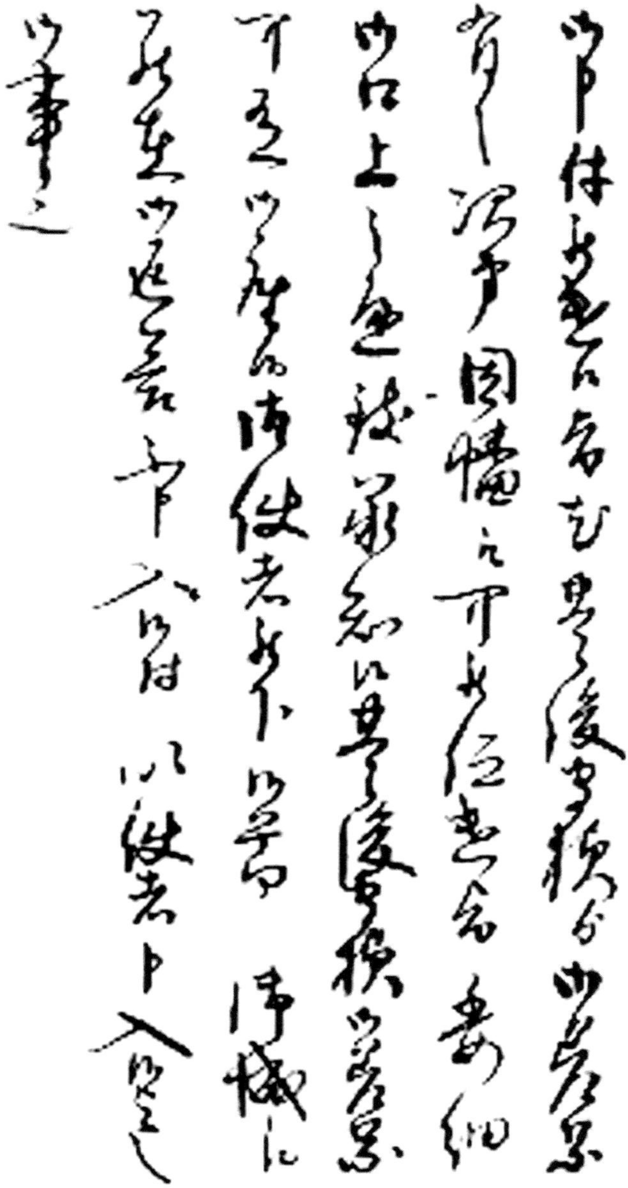

御申付被遣候旨尤豊後守様より御差図有之次第因幡江可被仰遣旨委細御口上之通致承知候豊後守様御差図可有御座候御使者被下候節　御城江罷在御返答不申入候付以使者申入候与之御事也

御申し付けがあった旨を[お聞き致した。まことに]尤も[と思う次第である。]豊後守様から御差図が有り次第、因幡へ[御指示を]遣わすという趣旨について、その委細を、その御口上の通りに[此方は]承知を致した。[今後]豊後守様から[新たな]御差図が有る事であろう。[対州殿が此方に]御使者を下された節には[加賀守は]御城へ罷り登っていて[屋敷には居なかった。それゆえ]御返答ができなかった。そこで、こうして使者を以て[御返答を]申し入れておくと、そのような事であった。

지시가 있었다는 내용을 [들었습니다. 참으로] 잘한 일이라[고 생각하는 바이다.] 분고노카미 님의 지시가 있는대로, 이나바에 [지시를] 보낸다고 하는 취지에 대해, 그 자세한 것을, 그 구상서대로 [이쪽은] 이해했다. [금후] 분고노카미 님한테 [새로운] 지시가 있을 것이다. [타이슈우 님이 이쪽에] 사자를 보내주셨을 때는 [카가노카미 님은] 성에 올라가 있어 [저택에는 없었다. 그래서] 답을 할 수 없었다. 그래서 이렇게 사자를 보내 [답장을] 보내둔다고, 그와 같은 것이었다.

一同月廿五日大久保加賀守様ゟ御使者
被差来之少品被遣候旨
被為請候宗対馬守上京以使者
上候由御書を以御使者宗対馬守殿
為文所々御所被仰越守様[illegible]
山城守今日同所被為[illegible]胡麻之
ニ候ニ付刑部少輔方へ御伺候ニ付

(41-13)

〃同月廿五日大久保加賀守様江御使者鈴木半兵衛被遣御取次鈴木治左衛門江致面談宗次郎申上候昨日以使者申上候付夜前者預御使者忝次第奉存候曾又昨夜阿部豊後守様江家来之者被召寄今度因幡江致着船候朝鮮人之儀ニ付刑部大輔方より奉伺候儀御書付

(41-13)

〃同月二十五日、大久保加賀守様へ御使者として鈴木半兵衛を遣わした。御取次の鈴木治左衛門へ面談を致し、宗次郎が申し上げます。昨日使者を以て申し上げた事に付き、夜前[にも関わらず]御使者を遣わしていただき、忝ない次第と感謝を申し上げます。曾じて又、昨夜、阿部豊後守様へ家来の者が召し寄せられ、今度、因幡へ着船致した朝鮮人の事に付いて、刑部大輔方よりお伺いを致しておりました事について、御書付

(41-13)

〃동월 25일에 오오쿠보 카가노카미 님에게 사자 스즈키 한베에를 보냈다. 주선하는 스즈키 하루자에몬을 면담하고, 소우 지로우가 말씀드립니다. 어제 사자를 보내 말씀드린 것에 대해, 밤이 되기 전[인데도 불구하고] 사자를 보내주셔서, 황송하게 생각하며 감사드립니다. 더군다나 또 어젯밤 아베분고노카미 님에게 가신이 불려가, 이번에 이나바에 착선한 조선인의 일에 대해, 교우부 타이후 측에서 질문하신 것에 대해, 서부

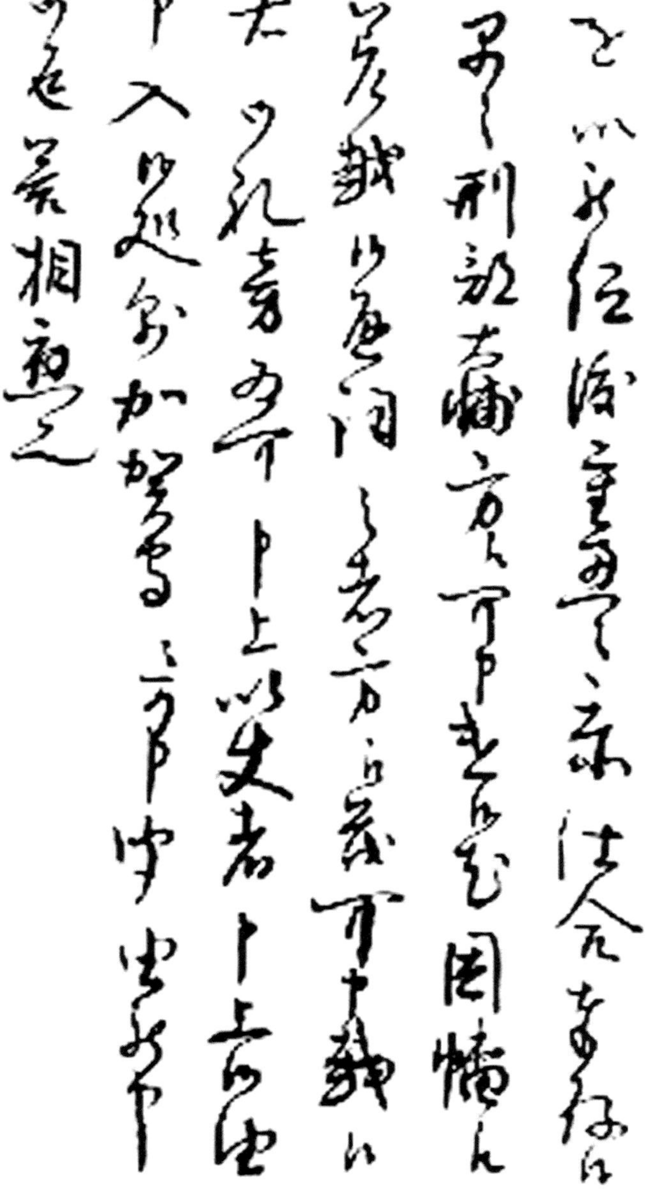

を以被仰渡重畳忝仕合奉存候早々刑部大輔方江可申遣候尤因幡江差越候通詞之者方江茂可申越候右御礼旁為可申上以使者申上候由申入候処則加賀守ニ可申聞由被申御返答相応也

を以て御指示がございました。重ね重ね、忝ない事、有り難い事と思っております。早々に刑部大輔方へ連絡を致そうと思っております。尤も因幡へ差し越した通詞の者方へも[同様に]連絡をしよう思っております。右の事について、御礼その他、様々を申し上げるため、使者を差し上げました。このように申し入れた処、直ちに加賀守に申し伝えると申され[その後、御請けの]御返答を下さった。

로 지시가 있었습니다. 거듭 황송한 일, 고마운 일이라고 생각합니다. 서둘러 교우부 타이후 측에 연락하려고 생각하고 있습니다. 원래 이나바에 보낸 통사 측에도 [마찬가지로] 연락하려고 생각하고 있습니다. 위의 일에 대해서, 감사인사와 또 다른 것을 말씀드리기 위해, 사자를 올려보냈습니다. 이렇게 말씀드렸더니, 즉시 카가노카미에게 말씀드리겠다는 말씀을 하시고 [그 후에 받았다는] 반답을 주셨다.

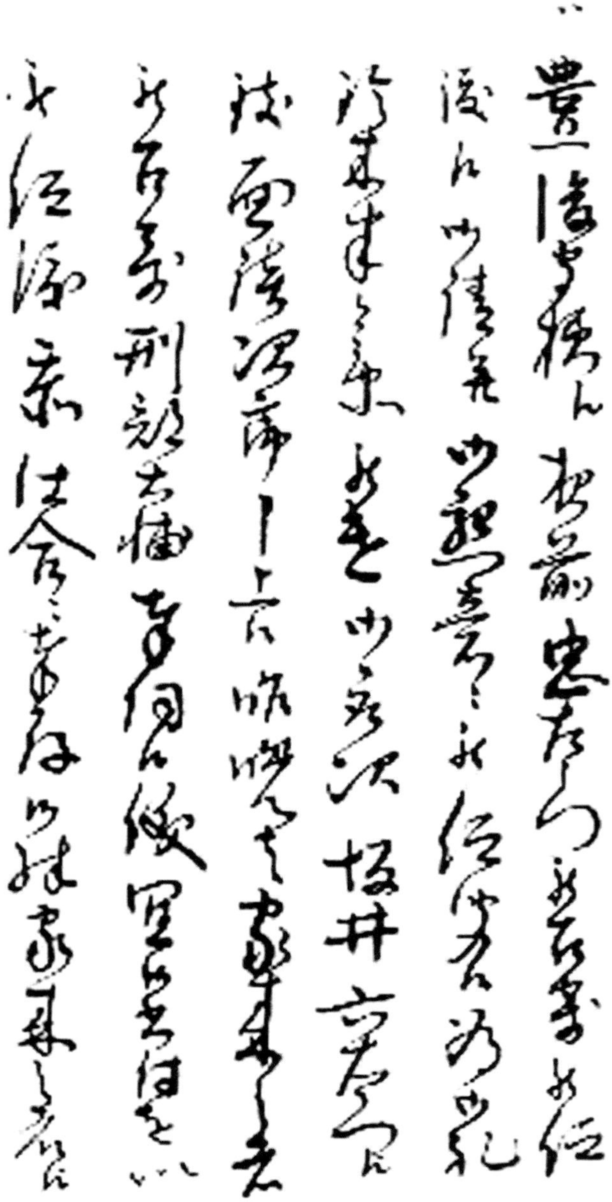

(41-14)

〃豊後守様江夜前忠左衛門被召寄被仰渡候御請并御懇意ニ被仰聞候為御礼鈴木半兵衛被遣御取次坂井六右衛門江致面談次郎申上候昨晩者家来之者被召寄刑部大輔奉伺候儀宜御書付を以被仰渡忝仕合ニ奉存候殊家来之者江

(41-14)

〃豊後守様へ夜前、忠左衛門が召し寄せられ、仰せ渡された御請け[の書付]ならびに御懇意に仰せ聞かされた[お話しの]事について、御礼[を申し上げる]為、鈴木半兵衛が遣わされた。御取次ぎの坂井六右衛門へ面談を致し、次郎が申し上げますと[以下のような御礼の言葉を申し述べた。すなわち]昨晩は家来の者が召し寄せられ、刑部大輔が御伺い致した事について、宜しい御書付を以て仰せをいただき、忝き仕合せと思っております。殊に家来の者へ

(41-14)

〃분고노카미 님이 어젯밤에 타다자에몬을 불러, 건네주신 승낙서의 [서부] 및 다정하게 들려주신 [말씀에] 대해, 감사 인사를 [드리기] 위해, 스즈키 한베에를 보냈다. 주선하는 사카이 로쿠에몬을 면담하고, 지로우가 말씀드립니다 라고 [이하와 같은 인사의 말씀을 드렸다. 즉] 어젯밤은 가신이 불려가, 교우부 타이후가 질문했던 일에 대해, 좋은 서부로 지시를 받아, 황송하다고 생각하고 있습니다. 특히 가신에게

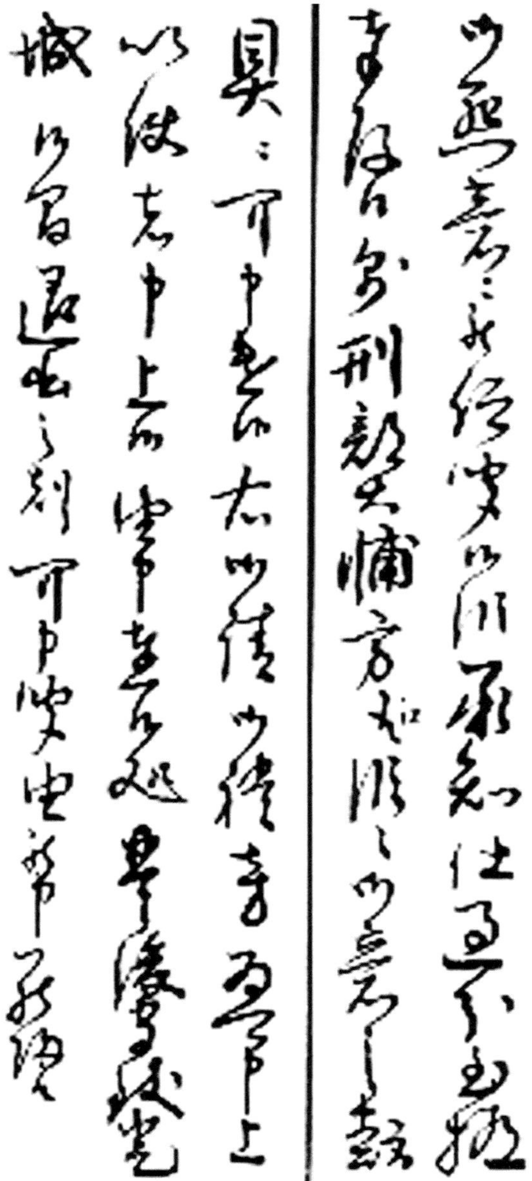

御懇意ニ被仰聞候段承知仕過分至極奉存候則刑部大輔方江段々御意之趣具ニ可申遣候右御請御礼旁為可申上以使者申上候由申達候処豊後守致登城候間退出之刻可申聞由被申罷帰候

御懇意にお話しをいただいた事については[しっかりと]承知を致しました。またその過分の扱いに対しては、感激の至りでございます。直ちに刑部大輔方へ、御意の様々な御趣旨を、具に申し遣わす予定でございます。右の御請けについて、御礼その他、様々を申し上げるため、使者を差し上げました。このように申し入れた処、豊後守は[今]登城致しているので、退出の刻に[この事は]申し伝えると、そのように申されたので[鈴木半兵衛は]罷り帰った。

친절하게 이야기해주신 것에 대해서는 [충분히] 이해하였습니다. 또 그 과분한 대접은 그지없이 감사합니다. 즉시 교우부 타이후 측에, 생각하시는 여러 취지를 자세하게 전달할 예정입니다. 위의 승낙서에 대해, 감사인사 등 여러 가지를 말씀드리기 위해, 사자를 보내드렸습니다. 이렇게 말씀드렸더니 분고노카미는 [지금] 등성했기 때문에, 퇴출하면 [이 일을] 전달하겠다고, 그렇게 말씀하셨기 때문에 [스즈키 한베에는] 돌아왔다.

一、当湊之者共孫信兵衛根ニ漁業出来
を以其後渡世仕来候処、然ル処
兵衛根之差ニ成候ニ付其之事申上候を
右ニ付円満ニ和解人取扱候得共無同意ニ付
円満ニ不相成候ニ付大久保加賀守様へ
御伺仕、可申上候も御案内申上候迄

(41-15)

〃長崎御奉行諏訪兵部様江鈴木半兵衛を以豊後守様御差図之趣被仰遣候処兵部様御逢被成候付半兵衛申上候者去比因幡江朝鮮人罷渡候付通詞之者因幡江可差越旨大久保加賀守様より被仰付候付其節も御案内申上候通

(41-15)

〃長崎御奉行(江戸在府奉行)の諏訪兵部様方へ、鈴木半兵衛を以て豊後守様の御差図の趣旨を報告させた処、兵部様が[直々に]御逢いに成られた。そこで半兵衛が申し上げた事は、去る頃、因幡へ朝鮮人が罷り渡る事があり、通詞の者を因幡へ差し遣わすよう、大久保加賀守様から御指示がありました。其の節、御報告を致した通り、

(41-15)

〃나가사키 봉행소(에도 재부봉행)의 스와 효우부 님 쪽에 스즈키 한베에를 보내 분고노카미 님의 지시를 보고하게 하였는데, 효우부 님이 [직접] 만나주셨다. 그래서 한베에가 말씀드린 것은, 지난번, 이나바에 조선인이 건너간 일이 있어, 통사를 이나바에 보내도록 하라는, 오오쿠보 카가노카미 님의 지시가 있었다. 그때 보고한대로

於而元日與刑部大輔方へ申越候處承伺
し老二人得一人僧一人被召寄之人國情之義
申候刑部大輔方から申越能々刑部大輔
存寄之様ニ被申候而何趣ニ而様子承度奉伺
少々昨晩其後様子聞度存候處之來茶
朝鮮人之様古来何事も判別ニ不申候
應用仕来り仰付候 應用不仕候法

於国元同姓刑部大輔方江申遣候処通詞之者二人待一人佑筆一人都合四人因幡江差越申由刑部大輔方より申越候就夫刑部大輔存寄之儀御座候而阿部豊後守様江奉伺候処昨晩豊後守様江家来之者被召寄朝鮮人之儀古来より何事も対州江申聞通用仕来り外之筋より通用不仕古法ニ

国元(くにもと)に於いて同姓(宗氏)の刑部大輔(ぎょうぶたいふ)方へ連絡し、通詞の者二人、待一人、佑筆(ゆうひつ)一人、都合四人を因幡(いなば)へ差し遣わしました。その由を刑部大輔方から申し伝えました。その事に就いて、刑部大輔に思案する処がございまして、阿部豊後守(あべぶんごのかみ)様へ御伺いを奉りました。すると昨晩、豊後守様へ家来の者が召し寄せられ、朝鮮人の事は、古来、何事も対州が関わり、通用を仕って来た。それ以外の筋からの通用は仕らぬ古法である。

국원에서 동성(소우 씨)의 교우부 타이후 측에 연락하여, 통사 2인, 시중 1인, 기록관 1인, 도합 4인을 이나바에 보냈습니다. 그 내용을 교우부 타이후 측에서 전해왔습니다. 그 일에 대해 교우부 타이후에게 생각하는 것이 있어, 아베분고노카미 님에게 질문을 올렸습니다. 그러자 어젯밤에 분고노카미 님이 가신을 불러, 조선인의 일은 고래로, 어떤 일이고 타이슈우가 관계하며 교류를 담당해왔다. 그 외의 곳에서는 통용을 할 수 없다는 것이 고법이다.

候処篤と考候処因循ニ致候段以而宜使ニ

然ル処上京不致何事篤と案候ニ而者決

不申候段を所ニ以而上ニ而成候ニ付御座候

因情ニ而胡解ニ而遅延以相成候相挙

御尋も様ニ而御段以名其後者様ニ

刑部太輔方ニも而被成候段ニ太郎殿共申上

以使者申上候処申上候処先以此段申上候様

候処対州を差置因幡江罷渡候段不届ニ被思召上候不依何事対州より取次不申儀者外より御取上不被成御国法ニ而候間因幡より直ニ朝鮮江被追返候様ニ与松平伯耆守様江被仰渡候旨豊後守様より刑部大輔方江も被仰渡候右之趣為可申上以使者申上候由申上候処先以御首尾能

そのような処に、対州を差し置いて因幡へ渡った事は、不届きな事と思うところである。何事に依らず[朝鮮に関わる事で]対州で取次ぎをしない事を、外からこれを取り上げるという事には成らない。そのような国法であるので、因幡から直ちに朝鮮へ追い返すようにと、そのように松平伯耆守様へお達しがございました。その旨を、豊後守様から刑部大輔方へも連絡がございました。右の趣旨を[此方様にも]伝えるべきと考え、使者を以て申し上げる次第です。このように伝えると、先方は、これに対し、御首尾能く

그러한데, 타이슈우를 제쳐두고 이나바에 건너왔다는 것은 발칙한 일이라고 생각하는 바이다. 어떤 일이 되었든 [조선에 관한 일을] 타이슈우에서 주선하지 않는 일을, 다른 곳에서 그것을 취급하는 일은 할 수 없다. 그러한 국법이기 때문에, 이나바에서 즉시 조선으로 돌려보내도록 하라고, 그렇게 마쓰타이라 호우키노카미 님에게 연락이 있었다. 그 뜻을 분고노카미님이 교우부 타이후 측에도 연락하는 일이 있었습니다. 위의 취지를 [이쪽 분에게도] 전해야 한다고 생각하고, 사자를 보내 말씀드리는 것입니다. 이렇게 전하자, 앞의 분은 이것에 대해 적절하게

右従御一門衆様ニ被為常ニ御流人之遠
許被為成候 刑部大輔殿よりも御上
御披露被成候 仕形ニ付而御奉行
上人御念ニ而御尤也 御返事之趣ニ而御座候
此段者尾張ニ御座候而御座候 可然存
候先々御座候ニ付被成候 御座候処御座候
可申上候 上人御念 筆をもつて御慈悲之意

被仰渡一段之儀ニ存候常之漂流人与違訴詔ニ参候儀刑部大輔殿江も不申上御法破不届成仕形ニ而有之候次郎殿被入御念候御使者御口上之趣承届候此度首尾能御座候而御満足可被成候私方江者最早御届ニ不及儀ニ御座候処被仰下之趣被入御念候事奉存候与之御返答也

[公儀へ]御報告なされ、一段と良い事でございました。常の漂流人と違い[この度の朝鮮人は]訴訟に参った事であり、刑部大輔殿へも申し上げず[他国へ渡るなど]御法を破り、不届きな仕形でございました。次郎殿が御念を入れられ[こうしてわざわざ]御使者の御口上にて[此方に]その御趣旨を伝えて下さいました[ことを忝なく存じます。]この度は首尾能く収まり、さぞ御満足でございましょう。此方には最早、御届けには及ばぬ事で御座いましたが[こうして]御報告をいただきました。御念を入れられた事と存じ[感謝を申し上げます。]このような御返答であった。

[장군에게] 보고하시어, 한층 일이 잘되었습니다. 보통 표류인과 달리 [이번의 조선인은] 소송하기 위해 왔으며, 교우부 타이후 님에게도 알리지 않고 [타국에 건너가는 등] 법을 어기며 발칙한 짓을 했습니다. 지로우 님이 신경을 써서 [이렇게 일부러] 사자의 구상서로 [이쪽에] 그 취지를 전하여주신 [것을 고맙게 생각합니다.] 이번에는 잘 수습되어 아주 만족하시겠지요. 이쪽에는 이미 보고하지 않아도 되는 일이었습니다만 [이렇게] 보고를 받았습니다. 마음을 써주신 것으로 알고 [감사의 말씀을 드립니다.] 이와 같은 반답이었다.

一　大猷院殿公方将軍御宣下之様子承候ハ様

取返し

(41-16)

〃大衍院公より松平伯者守様江被遣候御状左記之

(41-16)

〃大衍院公(宗次郎義力)から松平伯者守様へ遣わされた御状を左に記す(註2)。

(41-16)

〃다이엔인(소우 지로우 요시미치)이 마쓰다이라 호우키노카미 님에게 보내신 서장을 아래에 기록한다.

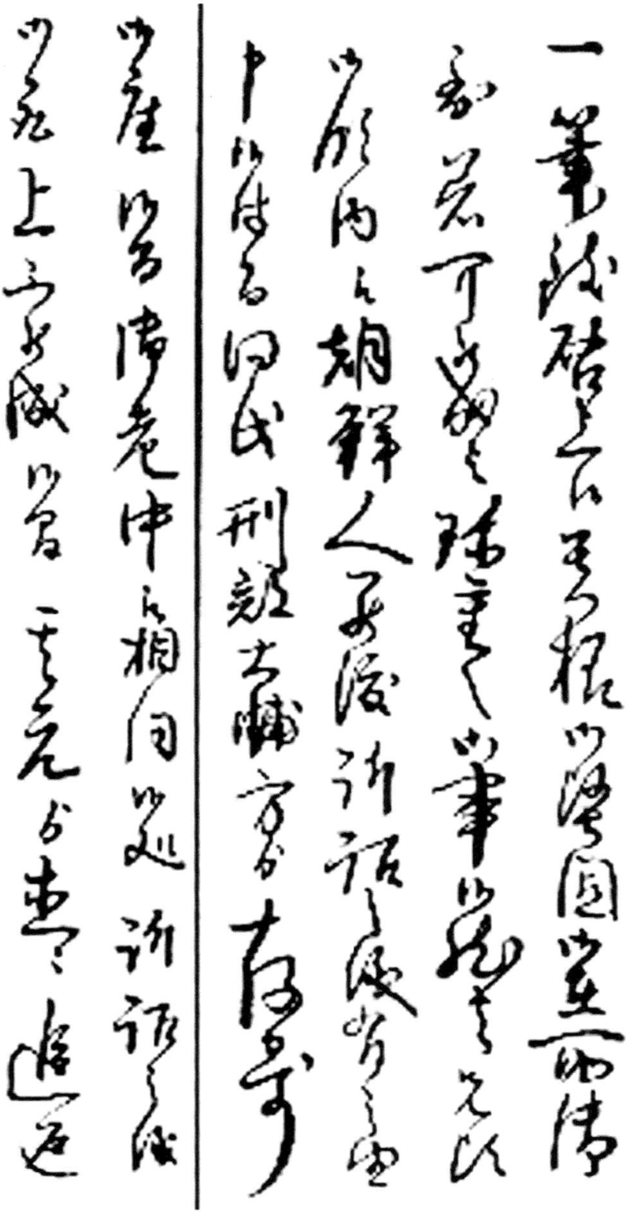

一 筆致啓上候貴様御堅固御在所御到着可被成与珎重之御事候然者先頃御領内江朝鮮人罷渡訴詔之儀有之由申候付而同氏刑部大輔方より存寄御座候而御老中江相伺候処訴詔之儀御取上不被成候間其元より直ニ追返

一 筆啓上致します。貴方様が御健康で御在所[の鳥取]に御到着に成られたとの事、珍重に存じます。さて先頃、御領内に朝鮮人が渡って来て、訴訟の事が有る由を申した事に付いて、同氏(宗)刑部大輔方から意見が御座いまして、御老中へ伺いを立てた処、訴訟の事は御取り上げに成られぬ事になりました。其の地から直ちに追い返す

1. 일필을 올립니다. 귀하가 건강하게 영지 [돗토리에] 도착하셨다는 것을 기쁘게 생각합니다. 그런데 지난번에, 영내에 조선인이 건너와서, 소송하는 일이 있었다는 것을 말씀하신 것에 대해, 동씨(소우) 교우부 타이후 측의 의견이 있어, 노중에게 질문하였더니, 소송하는 일은 취급하지 않는 것으로 하였습니다. 그 지역에서 즉시 돌려보내

御様ニも仰付候委細之儀ハ使者申候

御家中衆ニ仰聞候御座候哉御尋承

御座候恐惶謹言

七月十四日　宗次郎

松平伯耆守様

候様ニ与被仰付候委細之儀者御老中より御家来江被仰渡由ニ御座候此段為可申述如此御座候恐惶謹言

七月廿四日　　　　　　　　　　　　　　　　宗次郎

松平伯耆守様

様にとの、仰せ付けがございました。委細の儀は、御老中より御家来へ仰せ渡される事と存じますが、此の事を[そちら様に]申し述べておくようにと、しかるべき御指示があり、このようにお知らせを致します。恐惶謹言

七月二十四日　　　　　　　　　　　　　　　　宗 次郎

松平伯耆守様

도록 하라는 명령이 있었습니다. 자세한 내용은 노중이 가신에게 명하실 것으로 생각합니다만, 이 일을 [그쪽 분에게] 말씀드려 두라는, 그러한 지시가 있어, 이렇게 알려드립니다. 삼가 말씀드립니다.

7월 24일　　　　　　　　　　　　　　　　소우 지로우

마쓰다이라 호우키노카미 님

一　国別ニ取調候様ニ諸本様年可被書出候事

方ニ江戸表勤之家老平田隼人大浦

忠左衛門方江去七月廿四日出帆之以飛脚

申遣候

(41-17)

〃因州江罷越居候鈴木権平阿比留惣兵衛方江江戸在勤之家老平田隼人大浦忠左衛門方より遣候七月廿四日書状之略左記之

(41-17)

〃因州へ罷り越す鈴木権平、阿比留惣兵衛へ、江戸在勤の家老、平田隼人、大浦忠左衛門方から[その因州へ向けて]遣わした七月二十四日付けの書状がある。その略を左に記す。

(41-17)

〃인슈우에 가는 스즈키 곤베에와 아비루 소우베에에게, 에도에 재근하는 가로 히라다 하야토와 오오우라 타다자에몬 측에서 [그 인슈우에] 보낸 7월 24일부의 서장이 있다. 그 대략을 아래에 기록한다.

一　右同列胡乱人々通詞對談致候
御隠居様・殿様・若殿様御前ニ而御聞
被成、御尋之事ニ御座候、右之段御意
蒙候仕合ニ御座候、扨又様子ニおゐてハ御座候
而、右之段若殿様へ御座候得而、又々申上候
申越候様ニと申来候、私儀承知候

一 於因州朝鮮人江通詞対談之儀御隠居様思召寄豊後守様江御伺被成候間御差図之趣申越候迄者通詞対談仕候儀差扣候様ニ於御国被仰付候間豊後守様御差図次第其元江申越候様ニ与御国より被仰越候付従

一 因州に於いて、朝鮮人と[対馬からの]通詞が対談する事は、御隠居様のお考えがあり、豊後守様へ御伺いに成られ、その御差図の趣旨が伝えられる迄は[朝鮮人と]通詞との対談は差し控えるようにと、御国に於いて御指示があった。そして豊後守様の御差図次第に[その御趣旨を]其元へ申し伝えるようにと[やはり]御国からの御指示が[こちら江戸藩邸に]あった。

1. 인슈우에서 조선인과 [쓰시마에서 간] 통사가 대담하는 일은, 은거하신 분의 생각이 있어, 분고노카미 님에게 질문을 하시어, 그 지시하는 취지가 전달될 때까지는 [조선인과] 통사의 대담은 삼가도록 하라는, 나라의 지시가 있었다. 그리고 분고노카미 님이 지시하시는대로 [그 취지를] 그곳에 전달하겠다고, [역시] 나라의 지시가 [이쪽 에도번저에] 있었다.

佛蘭西様御国之趣申候後も猶申上
以延今以越之朝鮮人訴訟之儀古来之別之
請を被為引をも以蒙御他事候事々
訴訟仕候処雇手方ニ而只今申上候
訴訟之儀申上ニ而御都合宗別分
事々追延ニ以後々ニ而任其御指揮

御隠居様御伺之趣豊後守様江申上候処今度之朝鮮人訴詔之儀古来より之法を破対州を差置他国江渡り直ニ訴詔仕候儀不届千万ニ被思召上候間訴詔之儀御取上不被成候条因州より直ニ追返し候様ニ与被仰付候尤松平

御隠居様からの御伺いの御趣旨を、豊後守様へ申し上げた処、今度の朝鮮人の訴訟の件は、古くから続いてきた[両国交流の]法を破り、対州を差し置き、他国へ渡り[その他国で]直ちに訴訟を仕るという事であり、不届き千万に思われる。そのような訴訟を[公儀は]、御取り上げには成られない。それゆえ因州から直ちに[その者どもを]追い返す様にと[そのような]仰せ付けがあった。尤も松平

은거하신 분이 질문한 취지를 분고노카미 님에게 말씀드렸더니, 이번에 조선인이 소송한 것은, 옛날부터 계속해온 [양국교류의] 법을 깨고, 타이슈우를 제쳐두고 타국에 건너가 [그 타국에서] 직접 소송을 한다고 하는 것으로, 발칙하기 짝이 없다고 생각한다. 그와 같은 소송을 [장군이] 취급할 수는 없다. 그렇기 때문에 인슈우에서 바로 [그자들을] 돌려보내도록 하라는 [그와 같은] 명령이 있었다. 원래 마쓰다이라

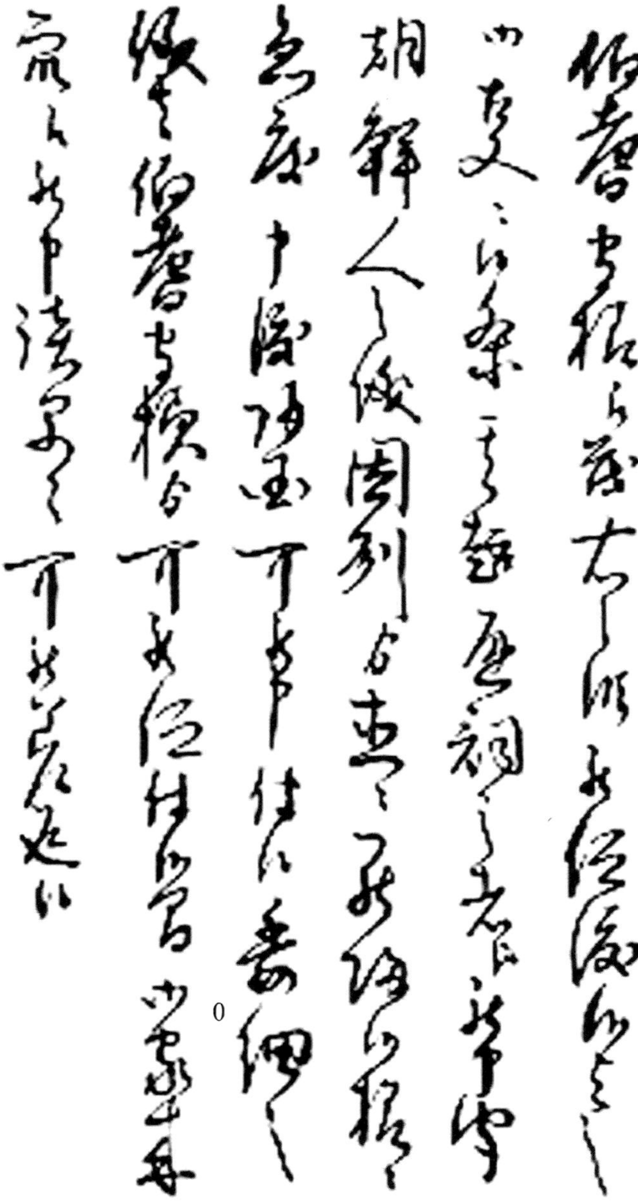

伯耆守様江茂右之段被仰渡候与之御事ニ候条其趣通詞之者江被申聞朝鮮人之儀因州より直ニ罷帰候様ニ急度申渡帰国可被申付候委細之儀者伯耆守様より可被仰付候間御家来衆江被申談早々可被差返候

伯耆守様へも、右の御指示が仰せ渡されたとの事である。このような趣旨を[対馬から来る]通詞の者へも申し聞かせ、朝鮮人の事については[もはや対談の必要はない。]因州から直ちに罷り帰る様[通詞の者にも申し伝えるよう御指示があった。それゆえ]急ぎ申し渡すので、もう帰国するように。委細の儀は、伯耆守様から御指示があると思うので、その御家来衆と相談し、早々に[その地を]差し返し[対馬に帰国するように。]

호우키노카미 님에게도 위의 지시가 전달되었다는 것이다. 이와 같은 취지를 [쓰시마에서 오는] 통사들에게도 알려주어, 조선인의 일에 대해서는 [이미 대담할 필요가 없다.] 인슈우에서 직접 돌아가도록 하라고 [통사들에게도 전하도록 하라는 지시가 있었다. 그래서] 서둘러 전하는 것이니, 귀국하도록 하라. 자세한 것은 호우키노카미 님이 지시할 것으로 생각하니, 그 가신들과 상담하여, 서둘러 [그 지역을] 떠나 [쓰시마로 귀국하도록 하라.]

一 不依何事胡乱人訴訟之儀等有之分
ハ取次候而申上不致申候ニハ
候旨于今堅相守可申候也右於
ニ付元胡乱人ゟ出候者ゟ尋候様ニ
無之様何者ゟ出候也家主尋候中分
共仮候間一同相尋ゟ出候者ゟ尋
成無之様可申渡候

一 不依何事朝鮮人訴詔之儀対州より御取次不被成候而者御取上不被成御法ニ而候間其趣能々被申聞可被差返候於其元朝鮮人江御馳走ヶ間敷儀なと無之様ニ伯耆守様御家来衆へ御老中より被仰渡候間其旨被相心得御馳走ヶ間敷儀無之様ニ可被申談候

一 何事に依らず、朝鮮人の訴訟の事は、対州から御取次ぎが成されなければ[公儀は]御取り上げには成られない。そのような[我が国の]御法である。それゆえ其の趣旨を能く能く[因州の方々に]お伝えして[貴殿たちは国元に]差し戻るように。其の地に於いて、朝鮮人へ御馳走らしき事は成さらぬように、伯耆守様御家来衆へ御老中から御指示があるので、其の旨を相心得て、御馳走らしき事が成されぬよう[伯耆守様御家来衆と]よくご相談をなさるように。

1. 어떤 일이든 조선인의 소송건은 타이슈우에서 주선이 이루어지지 않으면 [장군은] 취급하지 않는다. 그와 같은 것이 [우리나라의] 국법이다. 그렇기 때문에 그 취지를 잘 [인슈우의 여러분에게] 전하고 [당신들은 국원으로] 돌아가도록 할 것. 그 지역에서 조선인에게 접대 같은 것은 하지 않도록, 호우키노카미 님의 가신들에게 하는 노중의 지시가 있으므로, 그 뜻을 이해하고, 접대 같은 일이 없도록 하라. [호우키노카미 님의 가신들과] 잘 상담하실 것.

一 天下之様子書續候者　可有御座歟
甚相解人御帳之様子ニ見及候てもく得
共ニ可申越候處御書之儀相解人
陸御帳候上遅滞無御座候由申候間
御帳之様子得と見及候へ共一天下之處
委細承り相勤置候御書可被仰候

一 其元之様子委細ニ書付可被差越候尤朝鮮人帰帆之様子被見届其段旦々可被申越候各帰国之儀朝鮮人致帰帆候上逗留被仕候儀如何ニ候間帰帆之様子得与被見届候ハヽ其元之届等無油断被相勤早々帰国可被仕候

一 其の地の様子を、委細に書き付け[こちらに]御報告なされたい。殊に朝鮮人の帰帆の様子は[しっかりと]見届け、其の事を早々に[こちらに]御報告いただきたい。各自の帰国の事は、朝鮮人が帰帆致した上で[なおも]逗留を続けるようでは、どうかと思われるので、その帰帆の様子を、しっかりと見届けたならば、其の地での届けなどを着実に済ませ、早々に帰国なさるように。

1. 그곳의 상황을 자세히 기록하여 [이쪽에] 보고해 주었으면 한다. 특히 조선인의 귀범한 상황은 [분명하게] 확인하여, 그 일을 서둘러 [이쪽에] 보고해 주었으면 한다. 각자가 귀국하는 일은 조선인이 귀범한 이상은 [계속] 두류한다는 것은 좋지 않다고 생각되기 때문에, 그 귀범하는 상황을 분명히 확인하면, 그곳에서 해야 하는 수속을 착실하게 마치고 서둘러 귀국하도록 할 것.

右之以御書付被申来 松平伊豆守様
以御留守居 吉田平馬方ニ被仰渡承申入
候之再 大久保加賀守様へ 新伝領ニ
因幡之呂松罷越候 居伺之 老候 覚之日光
刑部大輔方ニ申遣候 座伺之 去二人
伝一人 作之丞一人 都合四人 呂松罷越候文
刑部大輔 保冬 以候 阿部豊後守様

(41-18)

右之御状書状鈴木半兵衛松平伯耆守様御留守居吉田平馬方江致持参申入候者去比大久保加賀守様より被仰渡候因幡江差越候通詞之者之儀国元同名刑部大輔方江申遣候処通詞之者二人侍一人佑筆一人都合四人差越候就夫刑部大輔存寄御座候而阿部豊後守様へ

(41-18)

右の[松平伯耆守様への]御状ならびに[鈴木權平、阿比留惣兵衛方への]書状を、鈴木半兵衛が松平伯耆守様の御留守居の吉田平馬方へ持参した。そして申し入れた事は[以下のような事である。すなわち]去る頃、大久保加賀守様から御指示をいただいた因幡へ差し遣わす通詞の者の事でございます。国元の同名(宗)刑部大輔方へ連絡致した処、通詞の者二人、侍一人、佑筆一人、都合四人を派遣する事になりました。それに就いて刑部大輔に思案する処があり、阿部豊後守様へ

(41-18)

위 [마쓰다이라 호우키노카미 님에게 보내는] 서장 및 [스즈키 곤베에, 아비루 소우베에에게 보내는] 서장을 스즈키 한베에가 마쓰다이라 호우키노카미 님의 당번 요시다 헤이마 쪽에 지참했다. 그리고 말한 것은 [이하와 같은 것이다. 즉] 지난번에 오오쿠보 카가노카미 님의 지시를 받고 이나바에 보낸 통사들에 관한 일입니다. 국원의 동명(소우) 교우부 타이후 측에 연락했더니, 통사 2인, 시중 1인, 기록관 1인, 도합 4인을 파견하게 되었습니다. 그것에 대해 교우부 타이후가 생각하는 것이 있어 아베 분고노카미 님에게

右伺之は 先達而被仰渡候趣申談
置候處同人方ニ而 仕成方取計候儀ニ付
申付也此趣申 対州刑部大輔方ゟ伺
候儀此方ゟ申上候 此度右存候趣ニ而
之趣尤之筋ニは存候得共以彼国之儀ニも朝鮮人
之儀ニ付何事も前例ニ申上置候儀
私共御評議ニ仕右様之処御座候

奉伺候付豊後守様御差図之趣申越候迄者通詞対談仕候儀差扣候様ニ与申付置候由申越候刑部大輔方より奉伺候儀昨廿四日豊後守様江家来之者被召寄御書付を以被仰渡候者朝鮮人之儀不依何事対州江申達通用仕外之筋より通用不仕古法ニ候処此度

御伺いを致すので、豊後守様の御差図の趣旨を伝える迄は、通詞は朝鮮人と対談する事を差し控えるようにと、申し付けて置きました。そのような事を[阿部豊後守様へ]御報告致しておりました。この刑部大輔方から[阿部豊後守様へ]御伺いをしていた事については、昨二十四日、豊後守様から家来の者が召し寄せられ、御書付を以ての御指示がございました。そこで仰せ渡された事は、朝鮮人の事は何事に依らず、対州へ申し伝え[その対州で]通用を図るべきで、其の外の筋からは通用を行わぬのが古法である。そのような処に、此の度

질문을 할 것이니, 분고노카미 님이 지시한 취지를 전달할 때까지는, 통사는 조선인과 대담하는 것을 삼가라고, 지시해 두었습니다. 그러한 일을 [아베 분고노카미 님에게] 보고하였습니다. 이 교우부 타이후 측에서 [아베 분고노카미 님에게] 질문한 것에 대해서는, 어제 24일에 분고노카미 님이 가신을 불러, 서부로 지시하는 일이 있었습니다. 그곳에서 지시하신 것은, 조선인의 일은 어떤 것이든 타이슈우에 이야기하고 [그 타이슈우에서] 통용을 추진해야 하는 것으로, 그 외의 곳에서는 통용을 하지 않는 것이 고법이다. 그러한데, 이번에

筑州を以[illegible]候處[illegible]座候
而思召上候様對州ゟ[illegible]
[illegible]以[illegible]之[illegible]候[illegible]同情
まゝ[illegible]遣延引[illegible]拝[illegible]御[illegible]
而[illegible]候[illegible]存し[illegible]
御[illegible]御[illegible]方ゟ以書状申上候
右文同情之[illegible]候[illegible]

対州を差置他国江罷渡候段不届ニ被思召上候殊対州より取次不申儀者外より御取上不被成御国法ニ而候故因幡より直ニ追返し候様ニ与松平伯耆守様へも被仰遣候由被仰渡候依之右之段伯耆守様江次郎方より以書状申上候曾又因幡江差越候通詞之者方へも

[朝鮮人が]対州を差し置き他国へ罷り渡った事は、不届きな事であると考える。殊に対州から取次ぎを致さない事案については、それ以外からは御取り上げに成らないという御国法である。それゆえ因幡から直ちに追い返すようにと、松平伯耆守様へも御連絡をなさる由、お話しがございました。これに依り、右の事は、伯耆守様へ次郎方からも書状を以て申し上げる事に致しました。併せて又、因幡へ差し遣わした通詞の者方へも

[조선인이] 타이슈우를 제쳐두고 타국에 건너간 일은 발칙한 일이라고 생각한다. 특히 타이슈우에서 주선하지 않은 사안에 대해서는, 그 이외의 곳에서는 취급할 수 없다는 것이 국법이다. 그러므로 이나바에서 즉시 돌려보내도록 하라고, 마쓰다이라 호우키노카미 님에게도 연락을 하신다는 이야기가 있었습니다. 이렇게 되어, 위의 일은 호우키노카미 님에게 지로우 측에서도 서장으로 말씀드리기로 했습니다. 아울러 또 이나바에 보낸 통사들에게도

申を以御座候ニ付　申入存候御
承知候馬ニ相済し　其附属ニ
申以候其方ニも太夫様加賀守様へ相届
右ニ付私共出候処今一応図備ニ条
相解人御法被之上一通被成仕形し以書
追て申上候御振合之上得御意候恐惶謹言

申遣候間御届給候様ニ与申入右之御状并書状平馬江相渡之此時平馬被申候者此方江も大久保加賀守様より被為召候付私罷出候処今度因幡江参候朝鮮人御法破り不届成仕形ニ候間追返し候様ニ与被仰渡候由被申聞候

[この事について]申し伝える[必要がございます]ので[その旨を]御届け下さいますよう[お願い致します。]そのように申し入れ、右の御状と書状とを、平馬へ相渡した。この時、平馬が語った事は、此方へも大久保加賀守様から御呼び出しがあり、私が罷り出た処、今度因幡へ渡って来た朝鮮人の事であるが、御法を破り不届きな仕形と判断されるので、追い返すようにと、そのような御指示でございました。[平馬からは]このような事を聞いた。

[이 일에 대해] 전달할 [필요가 있으]므로 [그 내용을] 전달하여 주실 것을 [부탁합니다.] 그렇게 말씀드리고, 위의 서장을 헤이마에게 건넸다. 이때 헤이마가 말한 것은, 이쪽에도 오오쿠보 카가노카미 님의 호출이 있어, 제가 나갔더니, 이번에 이나바에 건너온 조선인의 일인데, 법을 어기는 발칙한 짓으로 판단되기 때문에, 돌려보내도록 하라는, 그러한 지시였습니다. [헤이마한테] 이와 같은 말을 들었다.

一 同日大久保加賀守様御用人玉虫丈
右衛門御出書所右ニ以河部清兵衛
罷越候処人加賀守宅ニ御出相頼候

清兵衛ニ而申来候付猶又以来猶又上
兵丈之被申候処加賀守清兵衛ニ
今般関播之胡鮮人来候付御迎ニ参

(41-19)

〃同日大久保加賀守様御用人近籐兵大夫方より御留守居方江以手紙被申談候儀有之候間壱人加賀守宅江御出候様ニ与被申候由申参候付鈴木半兵衛致参上兵大夫ニ致面談候処加賀守被申候今度因幡江朝鮮人参候付通詞之者

(41-19)

〃同日(七月二十五日)大久保加賀守様の御用人である近籐兵大夫方から、御留守居方へ手紙を以て申し入れが有った。どなたか壱人、加賀守宅へ御出で下さるようにと、そのような事を申して来たので、鈴木半兵衛が参上した。兵大夫に面談をした処、加賀守が申されるには、今度因幡へ朝鮮人が渡り来た事に付いてであるが、通詞の者を

(41-19)

〃동일(7월 25일)에 오오쿠보 카가노카미 님의 어용인 콘도우 헤이다이후 측에서 당번 쪽에 편지를 보내 전한 말이 있다. 어느 분인가 한 사람이 카가노카미 댁으로 오시라는, 그러한 것을 전해왔기 때문에, 스즈키 한베에가 찾아뵈었다. 헤이다이후를 면담하였더니, 카가노카미가 말씀하시기를, 이번에 이나바에 조선인이 건너온 것에 대한 것으로, 통사를

寅年同様ニ而茂無之候 渡来ニ而委敷
御座候 又も同様ニ唐国御伝付候ニ付 申達ニ
御座候 此段相尋候様 御申候得共
中等ニ付 当家之者申ニ付 此段被致飛脚
遣之を渡出船ニ迄も 唐国之者出船
上仕り 此方へ參り 飛脚之者 出船仕候

最早因幡江被遣候与之御注進ニ而有之候哉又者因幡江通詞被仰付候与之御事ニ御座候哉此段相尋候様ニ与被申候与被申聞候付半兵衛申候ハ此度之飛脚国元を致出船候迄者通詞之者出船不仕候此方へ参候飛脚之者出船仕候

最早、因幡へ遣わしてしまったのか、そのような御注進は有ったろうか。又は因幡への通詞を御命じになられ、まだ[今の段階では]そのままの事であろうかと、このような事を御尋ねするよう[加賀守が]申されていたと、そのように聞かされた。そこで半兵衛が申した事は、この度の[江戸への]飛脚[註3]が国元を出船する迄は、まだ通詞の者も[国元を]出船していませんでした。しかし此方へ向かう飛脚の者が出船してからは、

이미 이나바에 보내고 말았는가, 그와 같은 주진은 있었던가, 또는 이나바에 통사를 보내라고 명받으시고, 아직 [지금 단계로는] 그대로인가 라며, 이와 같은 일을 물어보라고 [카가노카미가] 말씀하셨다고, 그렇게 물으셨습니다. 그래서 한베에가 말씀드린 것은, 이번에 [에도에 가는] 비각이 국원을 출선할 때까지는, 아직 통사들도 [국원을] 출선하지 않았습니다. 그러나 이쪽으로 향하는 비각이 출선한 후

一去ル七日ニも御座候ニ者も出船而仕置
飛船之表申候只今問情之儀
若船頭可申上候段申上候処加賀守
可申出筈ニ御座候筈出候加賀守
申候今之節問情相解人参候御座候
之老問情之事其外様子申上候
実子御座候之夜以書御座候而係お
其外委對列之候仕候様之飛船

一 両日之内ニ者通詞之者も出船可仕由飛脚之者申候只今時分者因幡江致着船居可申与存候由申達候処加賀守ニ可申聞由被申罷出被申聞候者加賀守申候今度因幡江朝鮮人参候付通詞之者因幡江早々被遣候様ニ与申達候得共最早通詞ニ不及候間通詞并御添被遣候侍早々対州江帰帆仕候様ニ以飛脚

一 両日の内に、通詞の者も出船する予定になっておりました。そのように飛脚の者は申しておりました。それゆえ、もう今時分[通詞の者たちは]因幡へ着船している筈でございますと、そのように申し伝えた。すると[その事を]加賀守に申し上げて来ると言って、罷り出て行った。[やがて]申し聞かされた事は、加賀守が申していたが、今度因幡へ朝鮮人が渡り来た事で、通詞の者を因幡へ早々に遣わす様にと、そのような指示を下していた。だが最早、通詞を派遣するには及ばない。それゆえ通詞ならびに添え遣わした侍などを、早々に対州へ帰帆させるよう、飛脚を以て

1. 하루이틀 사이에 통사들도 출선할 예정이었습니다. 그렇게 비각을 맡은 자가 말하고 있었습니다. 그렇기 때문에 이미 지금쯤 [통사들은] 이나바에 착선하였을 것입니다 라고, 그렇게 말하였습니다. 그러자 [그것을] 카가노카미에게 말씀드리고 오겠다며 나갔습니다. [결국] 들은 것은, 카가노카미가 말씀하시기를, 이번에 이나바에 조선인이 건너온 일로, 통사자를 이나바에 서둘러 보내도록 하라고, 그러한 지시를 내렸었다. 그러나 이미 통사를 파견

하지 않아도 된다. 그러니 통사 및 딸려서 보낸 시중 등을, 서둘러 타이슈우에 귀범하라고, 비각을 보내

可被御書付被仰渡候哉如何難計存申
候と存申候得は、御老中へ懸具、御序之節、可
申候ハヽ、相叶候而御自分様御老中へ入候へ御聴
御請可申上候、尤も更ニ無之候て
得相可相勤候様、右相済候追而御議
去る方ゝゝ御座候写、拵も文言ニ而御細
御請可被成候と存申候、委細

可被仰遣候此段次郎様江加賀守被申候与被申聞候付御意之趣具次郎ニ可申聞候扨又御自分様江御尋申入候今晩御請可申上候哉夜も更如何被思召候ハヽ明朝可相勤候哉之旨相尋候処御屋敷も遠方ニ而御座候間夜も更可申候明朝御請可被成候与被申聞罷帰候

御命じになっていただきたい。この事を次郎様へ、加賀守が申していたと、お伝え願いたい。そのように申されたので、御意の御趣旨は、具に次郎に申し伝えます[と答えておいた。]さて又、御自分(近藤兵大夫)様へ御尋ね申しますが、今晩、御請けの書状を[早速]申し上げるのが宜しいのか、夜も更けて参りましたが、如何お考えですか。明朝、相勤め、御届けしても宜しいのか、そのような旨を相尋ねた。すると御屋敷も遠方でございますし、夜も更けて参りました。明朝、御請の書状をいただければ宜しいと申された。それゆえ、そのまま罷り帰った。

명령해 주었으면 한다. 이 일을 지로우 님에게 카가노카미 님이 말하고 있었다고, 전해주었으면 한다. 그렇게 말씀하셨기 때문에, 생각하는 취지는, 자세히 지로우에게 전달하겠습니다 [라고 답해두었다.] 그런데 또 자신(콘도우 헤이타이후)에게 묻습니다만, 오늘밤에 접수했다는 서장을 [지금 꼭] 드리는 것이 좋을 것인가, 그와 같은 것을 물었다. 그러자 저택도 멀고 밤도 깊었습니다. 내일 아침에 승낙의 서장을 받으면 된다고 말씀하셨다. 그래서 그대로 돌아왔다.

一同月廿二日大久保加賀守様へ昨晩之

[illegible]御尋被成候様子承度[illegible]

候処右之[illegible]候ニ付[illegible]申上候処[illegible]

其方事を以候[illegible]之[illegible]

[illegible]同様之[illegible]

[illegible]

[illegible]処[illegible]入御念候[illegible]

[illegible]同様之[illegible]

を以可[illegible]候[illegible]

(41-20)

〃同月廿六日大久保加賀守様江昨晩被仰渡候為御請鈴木半兵衛致参上御取次を以御請之御口上申上候処近藤兵大夫を以御返答ニ夜前御家来を招今度因幡江被遣候通詞并侍早々対州江可致帰帆候最早通詞ニ及不申候旨申進候処被入御念御使者御口上之趣致承知候早々右之趣因幡江飛脚を以可被仰遣候与之御返答ニ而罷帰候

(41-20)

〃同月(七月)二十六日、大久保加賀守様方へ、昨晩、御指示のあった御請のため鈴木半兵衛が参上した。御取次ぎを以て御請の御口上を申し上げた処、近藤兵大夫を以て御返答になられた。夜前、御家来を招き[申し伝えた事は]今度因幡へ遣わされた通詞ならびに侍を、早々に対州へ帰帆させる事である。最早通詞[の勤め]を行う必要は無いと、そのような趣旨を[そちらに]申し伝えた。すると御念を入れられ御使者[を派遣なされ、その旨を承ったとの]御口上の趣旨があった。[その事について]承知を致した。早々に右の趣旨を、因幡へ飛脚を以て御指示なさるようにと、そのような御返答があり、罷り帰った。

(41-20)

〃동월(7월) 26일에 오오쿠보 카가노카미 님 쪽에, 어젯밤에 지시가 있었던 것을 답하기 위해 스즈키 한베에가 찾아뵈었다. 주선하는 자를 통해 답하는 내용을 말씀드렸더니, 콘도우 헤이타이후를 통해 답해주셨다. 어젯밤에 가신을 불러 [말을 전한 것은]

이번에 이나바에 보낸 통사 및 시중을 서둘러 타이슈우로 귀범시키라는 것이다. 이미 통사[가 일을] 할 필요가 없다고, 그러한 취지를 [그쪽에] 전하였다. 그러자 신경을 써서 사자[를 파견하시어, 그 뜻을 알았다고 하는] 구상의 취지가 있었다. [그 일에 대해] 알았습니다. 서둘러 위의 취지를 이나바에 비각으로 지시하도록 하라고, 그러한 답이 있어, 돌아왔다.

一 大久保加賀守様より松平伊豆守様へ以

御渡し御帳之写 但言る七冬の様子書付

有之候し

(41-21)

〃大久保加賀守様より松平伯耆守様[江]被仰渡候御状之写飯高七左衛門様より来候付左[ニ]記之

(41-21)

〃大久保加賀守様から松平伯耆守様へ御指示の御状があり、その写しが[鳥取藩の]飯高七左衛門様から[こちら対馬藩へ]来たので、これを左に記す。

(41-21)

〃오오쿠보 카가노카미 님이 마쓰다이라 호우키노카미 님에게 지시하는 서장이 있는데, 그 사본을 [돗토리한의] 이이타카 시치자에몬 님이 [이쪽 쓰시마한에] 보내주었기 때문에 이것을 아래에 기록한다.

一筆令啓達候、先以[illegible]剛々、兼而朝鮮
人參潜商方之儀、年々相増候
而、以様子申達候処、[illegible]朝鮮国
にし御国之宗刑戮[illegible]方ニ申儀
[illegible]被仰付候以[illegible]一[illegible]之
御国之様子相尋させ候以[illegible]

一 筆令啓達候先頃因州江参候朝鮮人宗次郎方より通詞参候者相談長崎江被越候様ニ与申達候得共惣而朝鮮国より之通用者宗刑部大輔方江申筈ニ従前々被仰付置儀ニ候間其元ニ而通詞ニ様子相尋させ候儀并長崎江遣ニ

一 筆啓達致す。先頃因州へ参った朝鮮人に対し、宗次郎方からの通詞が参れば、これと相談し[彼らを]長崎へ回送なさる様、指示を下した。だが一般的に言えば、朝鮮国からの通用は宗刑部大輔方へ申す筈に、前々から仰せ付け置かれている。それゆえ其元にて、通詞に様子を相尋ねさせ、ならびに長崎へ遣わすような

1. 일필 올립니다. 지난번 인슈우에 온 조선인에 대해, 소우 지로우의 통사가 가면, 이들과 상담하여 [그들을] 나가사키로 회송하도록 하라는 지시를 내렸다. 그러나 일반적으로 말하자면 조선국과의 통용은 소우 교우부 타이후 측에 신청해야 한다고, 전부터 명해두었다. 그렇기 때문에 그곳에서, 통사에게 상황을 묻게 하거나, 또 나가사키에 보내는 것과 같은 일은

今度對馬守を以て朝鮮国之儀被仰
出大清ニ而刑部太輔を以相達候処
此段何も得其意候尤入念て此追々右之所
急度申達候

七月廿四日

大久保加賀守

松平伯耆守様

不及対州之外ニ而者朝鮮国之儀取次不申御大法ニ候間刑部大輔江被相達候此段も如何与被存候者帰国候様ニ申含可被追返候右之段各申談如此御座候恐惶謹言

七月廿四日　大久保加賀守

松平伯耆守様

必要は無い。対州以外では、朝鮮国の事を取次ぎしない御大法である。それゆえ刑部大輔へ連絡するだけで宜しい。この事も如何と思われる場合は、帰国するように申し含め[彼らを]追い返すべきである。右の事は各閣老の間で相談があり、此のように決定した。恐惶謹言

七月二十四日　大久保加賀守

松平伯耆守様

필요 없다. 타이슈우 이외의 곳에서는 조선국의 일을 취급하지 않는다는 것이 대법이다. 그렇기 때문에 교우부 타이후에게 연락하는 것으로 충분하다. 이 일도 어떨까 라고 생각될 경우에는, 귀국하도록 설득하여 [그들을] 돌려보내야 한다. 위의 일은 각 노중 간에 상의하여, 이와 같이 결정했다. 삼가 말씀드립니다.

7월 24일　오오쿠보 카가노카미

마쓰다이라 호우키노카미 님

一、旧冬松平伊豆守様御内意之趣吉田半馬
方合持参、其方ゟ以書状申来候
周備ゟ申出候儀ニ無調候故、御尋候
之候、朝鮮人ゟ出合候ニ、夜御内意之
対馬ゟ御挨拶有之、信使御出所周備ゟ御挨拶
可下書付御免被成候、役人流出合今成有之

信使之趣朝鮮人ゟ中津衆仕候御挨拶有之
申付候由、其後無之、寺御取仕

(41-22)

〃同日松平伯耆守様御留守居吉田平馬方より鈴木半兵衛方江以手紙申参候者因幡江被差越候通詞之儀此度之御差図ニ付最早朝鮮人江出合申ニ不及候間早々罷帰候様ニ与被仰渡候此段因幡江以飛脚可申遣候乍然彼方役人衆出合今度被仰渡候趣朝鮮人江申渡帰帆仕候様ニ与申付候共言語通し不申候故承引仕

(41-22)

〃同日(七月二十六日)松平伯耆守様の御留守居の吉田平馬方から[此方(対州)の]鈴木半兵衛方に宛て、手紙を以て申し伝えて来た事がある。[以下のような事である。]因幡へ派遣された通詞の事に付いてでございます。此の度の御差図によって、最早、朝鮮人と出合う必要は無くなりました。早々に罷り帰る様にと御指示があり、この事を因幡へ飛脚を以て申し遣わす事に致します。然し乍ら[飛脚が]彼方(因州)の役人衆と出合い、今度仰せ渡された趣旨を[そのまま]朝鮮人へ申し渡し、帰帆するように申し付けても、言葉が通じないので、承引するかどうか

(41-22)

〃동일(7월 26일)에 마쓰다이라 호우키노카미 님의 당번 요시다 헤이마 측에서 [이쪽(쓰시마)의] 스즈키 한베에 앞으로 편지를 보내 전해온 것이 있다. [이하와 같은 것이다.] 이나바에 파견된 통사에 관한 일입니다. 이번의 지시에 따라, 이미 조선인을 만날 필요가 없게 되었습니다. 서둘러 돌아가도록 하라는 지시가 있

어, 이 일을 이나바에 비각으로 전하는 것으로 했습니다. 그런데 [비각이] 저쪽(인슈우)의 역인들과 만나, 이번에 지시받은 취지를 [그대로] 조선인에게 이야기하여, 귀범할 것을 명해도, 말이 통하지 않기 때문에, 알아들을지 어떨지

乃義ニ候ハヽ右之趣も此方ゟ御伺ニ者
幸竹嶋之事ハ以前朝鮮人も出合候由
承候節申候ニて彼者ゟ渡海不仕候様
右之段今一往加賀守様被仰候相伺申候ニ
此方ゟ相障り候儀も無之候ハヽ
申来候ニ付此方かも障り申候無之
以書勝手次第御伺候様ニと存候

間敷与存候左候得者此方通詞之者幸行懸之事ニ候間朝鮮人ニ出合被仰渡候趣申聞候ハヽ致承引帰帆可仕候間右之段今一往加賀守様江相伺申度候此方別而相障り候儀も無之哉之旨申来候付而此方少も障り申儀無之候間勝手次第御伺候様ニ与返答

疑わしい所がございます。そうであれば、此方(対州)の通詞の者が幸いにも[因州に行っているので]行き懸りの事であれば、朝鮮人と出合い[この趣旨を彼らに]伝えて見ては如何でしょう。それを聞けば彼らは納得し帰帆を承引すると思うのですが。右の事は、今一応、加賀守様へ御伺いしてからに致したいと存じますが、此方(対州)様にとって、そのような事で格別の障りはございませんかと、その旨を尋ねて来た。そこで此方(対州)にとって[加賀守様に御伺いする事は]少しも障りは無い、勝手次第に御伺いなさるようにと返答

의심스러운 점이 있습니다. 그렇게 되면, 이쪽(쓰시마)의 통사가 다행히도 [인슈우에 가 있기 때문에] 마주치게 되면, 조선인을 만나 [이 취지를 그들에게] 전해보면 어떨까요. 그것을 들으면 그들은 납득하여 귀범을 받아들일 것으로 생각합니다만. 위의 일은, 지금 일단 카가노카미 님에게 물은 후에 하고 싶다고 생각합니다만, 이쪽(쓰시마)분에게는, 그러한 일로 각별한 지장은 없습니까 라고, 그런 내용을 물어왔다. 그래서 이쪽(쓰시마)으로서는 [카가노카미 님에게 묻는 것은] 조금도 지장이 없으니, 마음대로 질문하시라고 답

申候ハ　今加様之儀ニ付相伺処和甫
ゟ右之趣を承候ハ　朝鮮人ニ成候ゟ承候
此方之義異国出合之節ゟ相定ニ
可申者ニ候ゟ此案内ゟ候由申上候儀も
右之様子於在指揮方ニ以書状申遣

申遣候付則加賀守様江被相伺候処兎角御大法を背参たる朝鮮人之儀ニ候得者此方之者堅出合不申候様ニ国元江可申遣旨御差図御座候由申来ル依之右之趣鈴木権平方江以書状申遣ス

しておいた。そこで直ちに[あちらは]加賀守様へ御伺いをなされた処、兎も角も御大法に背いて罷り来た朝鮮人の事であり、此方(対州)の者と出会う事は堅く禁止する。そのように国元へ申し遣わすよう、その旨の[加賀守様からの]御差図があったという。その事を[此方に]申して来た。これに依り、右の趣旨を[因州にいる筈の]鈴木権平方へ書状を以て申し遣わす事にした。

해두었다. 그러자 즉시 [저쪽은] 카가노카미 님에게 여쭈었더니, 어쨌든 대법을 어기고 온 조선인의 일이므로, 이쪽(쓰시마) 사람과 만나는 것은 엄하게 금지한다. 그렇게 국원에 전하도록 하라고, 그런 뜻의 [카가노카미 님의] 지시가 있었다고 한다. 그 일을 [이쪽에] 전해왔다. 이것에 의해, 위의 취지를 [인슈우에 있을] 스즈키 한베에 쪽에 서장으로 전하는 것으로 했다.

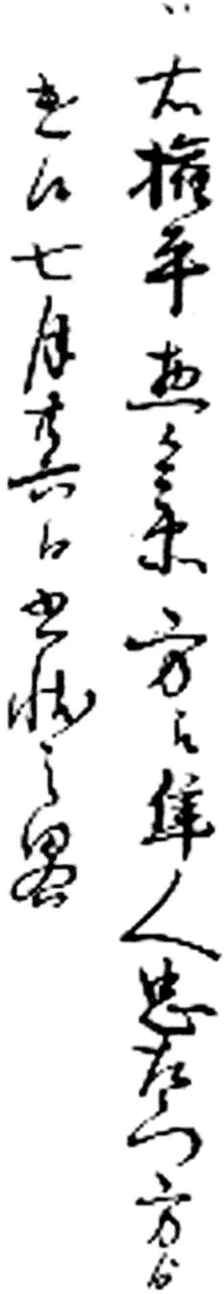

ゝ太輔年来之來寄之輩人患在之方合

元禄七月十六日 [illegible]

(41-23)

〃右権平惣兵衛方[江]隼人忠左衛門方より遣候七月廿六日書状之略

(41-23)

〃右[の趣旨を]権平、惣兵衛方へ[江戸の老職である]平田隼人、大浦忠左衛門方から遣わした七月二十六日の書状がある。その略[を左に記す。]

(41-23)

〃위[의 취지를] 곤헤이, 소우베에 쪽에 [에도의 노직인] 하라다 하야토, 오오우라 타다자에몬 측이 보낸 7월 26일의 서장이 있다. 그 개략[을 아래에 기록한다.]

一 昨晩大久保加賀守様ゟ以留守居被仰
来候ハ、去年因州ゟ罷渡候朝鮮人

許議御座候上ニ而成候追而以上意可被
為念銭候ニ付為念差銭ニて可被
川被候様之以便ニ而朝鮮人御帰
差見属候可被事ニ候一ヶ条御尋

〃昨晩大久保加賀守様より御留守居鈴木半兵衛被為召因州江罷渡候朝鮮人訴詔御取上不被成被追返候上者通詞之者差越候ニ不及候若差越候ハヽ早々引取候様ニ与之御事ニ候間朝鮮人帰帆被見届候ニ不及事ニ候条其旨彼方

〃昨晩、大久保加賀守様から御留守居の鈴木半兵衛に御呼びがあり、因州へ渡った朝鮮人の訴訟は[もはや]御取り上げに成られる事は無く[その朝鮮人どもは]追い返す事になった。それゆえ通詞の者を[因幡に]派遣する必要は、もう無くなった。もし[因幡に]差し遣わしているようであれば、早々に引き取る様にと、そのような事が[加賀守様から]伝えられた。[それゆえ、こちらの者が]朝鮮人の帰帆を見届ける必要は無い。其の旨を彼方(因州)の

〃어젯밤에 오오쿠보 카가노카미 님이 당번 스즈키 한베에를 호출하여, 인슈우에 건너온 조선인의 소송은 [이미] 취급하는 일 없이 [그 조선인들은] 돌려보내기로 했다. 그래서 통사들을 [이나바에] 파견할 필요가 없게 되었다. 혹시 [이나바에] 파견했을 것 같으면 서둘러 불러들이라는, 그러한 말을 [카가노카미 님한테] 전해들었다. [그러므로 이쪽에서] 조선인의 귀범을 확인할 필요는 없다. 그 뜻을 저쪽(인슈우)

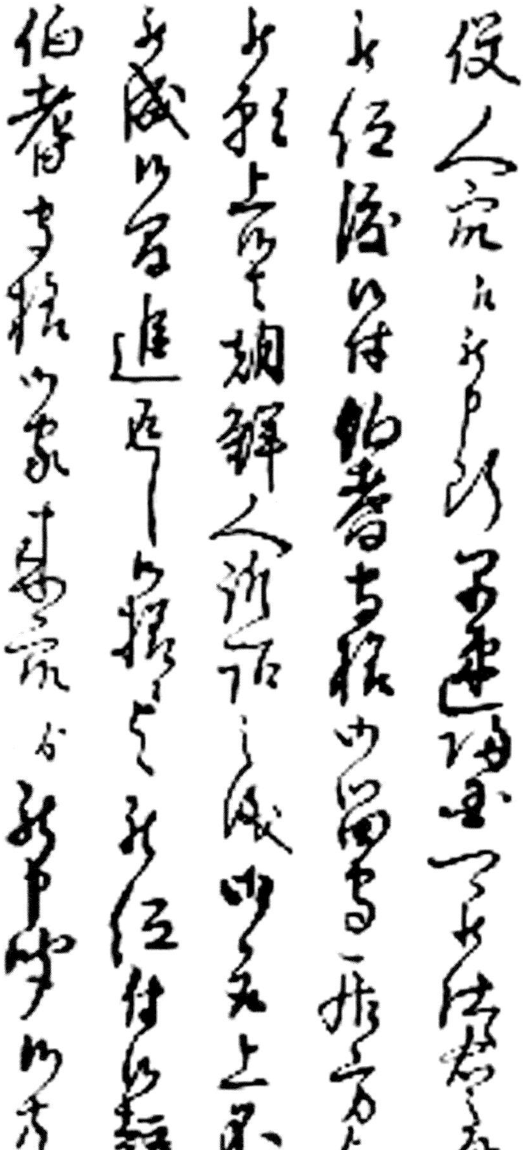

役人衆江被申断早速帰国可被仕候右之通被仰渡候付伯耆守様御留守居方より被願上候者朝鮮人訴詔之儀御取上不被成候間追返し候様ニ与被仰付候趣伯耆守様御家来衆より被申聞候共

役人衆に申し伝え、早速帰国をするようにと、右の通りの御指示をいただいた。なお伯耆守様の御留守居方から[加賀守様へ]願い上げられた事がある。すなわち、朝鮮人の訴訟の事は、もう御取り上げには成られない。そのまま追い返すようにと御指示であるが、その旨を伯耆守様の御家来衆から[朝鮮人へ]申し伝えても、

역인들에게 전하여, 서둘러 귀국하도록 하라고, 위와 같이 지시하셨다. 또 호우키노카미의 당번 쪽에서 [카가노카미 님에게] 부탁한 것이 있다. 즉 조선인이 소송한 것은, 더 이상 취급할 수는 없다. 그대로 돌려보내라는 지시인데, 그 뜻을 호우키노카미 님의 가신들이 [조선인에게] 전해도

之様年々[illegible]候得共[illegible]候ハヽ
此方唐国之者幸此度之儀ニ付
唐国渡異国之者共茂参候ハヽ合点
可仕候、然ハ異国之者[illegible]仕候様ニ
其上以起り大ニ候得者[illegible]朝鮮
人之儀ニ付此方唐国之者出合申候
堅申付可仕之由[illegible]任渡之儀ニ付

言語通し不申候付承引仕間敷候左候へハ此方通詞之者幸行懸之事ニ候間通詞致対談右之趣委申聞候ハヽ合点可仕候条致対談候様ニ仕度由加賀守様江被申上候処御大法を背罷渡たる朝鮮人之儀ニ候間此方通詞之者出合申儀堅無用ニ可仕之旨被仰渡候由ニ候間

言葉が通じ無いので、その承引は難しいという。そうであれば此方(対州)の通詞の者が、幸いな事に行き懸り上[因州に派遣されて]いる。この通詞に対談させ、右の趣旨を委く[朝鮮人に]伝えれば[彼らは]合点すると思う。それゆえ[朝鮮人と]対談するような御許可をいただきたいと、そのような事の加賀守様への願い上げであった。[だが加賀守様からは]御大法に背いて罷り渡って来た朝鮮人の事であり、此方(対州)の通詞の者と出合うような事は、堅く禁止すると、そのような旨を仰せ渡された由であった。それゆえ

말이 통하지 않기 때문에, 그것을 이해시키는 일이 어렵다고 한다. 그러므로 이쪽(쓰시마) 통사가 다행히도 때마침 [인슈우에 파견되어] 있다. 그 통사에게 대담하게 하여, 위의 취지를 자세히 [조선인에게] 전하면 [그들은] 이해할 것이라 한다. 그러므로 [조선인과] 대담할 수 있도록 허가를 받았으면 좋겠다고, 그러한 것을 카가노카미 님에게 원하였다. [그러나 카가노카미 님은] 대법을 어기고 건너온 조선인의 일이므로, 이쪽(쓰시마) 통사를 만나는 것과 같은 일은 엄히 금지한다며, 그와 같은 내용을 명령하셨다 한다. 그렇기 때문에

朝鮮人警護被仰付候様可申付候
之旨ニも御座候ニ付中途ニ而帆待仕候様
可申付候右之趣越可申遣與警護可仕候
存候尤御座候ても順風ニ候ハゝ可被為帆候御座候
趣ニ相違ニ致候處来警護ニ仕候て
幸之儀ニ付罷出合候即儀御座候旨
其以来可申仕候

朝鮮人対談不仕候様ニ可被申付候先書ニ者御差図之趣申聞帰帆仕候様ニ可被申付旨申越候故定而対談可仕与存候左候而者唯今加賀守様より被仰渡候趣与相違ニ罷成候若未対談不被仕候ハヽ幸之儀ニ候間出合申儀堅被致無用早々帰国可被仕候

朝鮮人とは対談しないよう[通詞に]申し付けをしていただきたい。先に示した書状には、御差図の趣旨は[朝鮮人に話をして、彼らを本国へ]帰帆させるよう申し付けるべきと、そのように記して置いた。それゆえ、もしかしたら、もう対談をしているかもしれない。そうであれば、唯今、加賀守様から仰せ渡された趣旨と相違する事になってしまう。もしも、まだ対談をしていないのであれば、幸いの事である。出合う事を堅く禁止し、早々に帰国なさっていただきたい。

조선인과 대담하지 않도록 [통사에게] 지시하여 주었으면 한다. 전에 보낸 서장으로 지시한 취지는, [조선인에게 말하여, 그들을 본국으로] 귀범시키도록 하라고 명해야 한다고, 그렇게 기록해두었다. 그렇기 때문에 어쩌면 이미 대담을 하고 있을지도 모른다. 그렇다면, 지금 카가노카미 님이 명령하신 취지와 어긋나고 만다. 만일 대담하지 않았다면 다행한 일이다. 만나는 것을 엄하게 금하고, 서둘러 귀국시켜 주었으면 한다.

一 右出州黒嶋之人罷帰候付道中ニて
切シメ因幡ニ而相果候

(41-24)

〃右書状足軽壱人飛脚申付道中六日切ニして因幡之府江遣之

(41-24)

〃右の書状を、足軽(あしがる)一人を飛脚(ひきゃく)に申し付け、道中六日切にして、因幡の府へ届けさせた。

(41-24)

〃위의 서장을, 보졸 한 사람을 비각으로 명하여, 6일편으로 이나바후에 전하게 했다.

一 同月廿七日阿部豊後守様江当留守居
鈴木半兵衛を被召呼御書付相渡
候事

(41-25)

〃同月廿七日阿部豊後守様江御留守居鈴木半兵衛を以被仰遣候御口上書左ニ記之

(41-25)

〃同月(七月)二十七日、阿部豊後守様へ御留守居の鈴木半兵衛を以て、お届けした御口上書を左に記す。

(41-25)

〃동월(7월) 27일에 아베 분고노카미 님에게 당번 스즈키 한베에를 보내, 제출한 구상서를 아래에 기록한다.

口上覚

今度因州之者共朝鮮人之居所江

此者上ゟ被成御尋候ニ付様子

何者ゟ召候哉 例歳大備前ゟ被候

いは竹嶋之義因州之竹嶋ニ而

之者方之召連申候を御尋之者朝鮮

人ニ出合竹嶋之義朝鮮人之申候と

口上覚

今度因州江罷渡候朝鮮人之儀訴詔御取上不被成候間被追返候様ニ与松平伯耆守様并刑部大輔方江茂被仰渡候付御差図之趣因州江差越候家来之者方江早速申遣候間通詞之者朝鮮人ニ出合御差図之趣朝鮮人江申聞せ

口上覚

今度、因州へ罷り渡った朝鮮人の事でございます。訴訟を御取り上げに成られぬまま[彼らを]追い返すよう、松平伯耆守様ならびに刑部大輔方へも、仰せ渡しがございました。そのような御差図の趣旨を、因州へ派遣していた家来の者へ早速申し遣わしました。通詞の者が朝鮮人と出合い、御差図の趣旨を朝鮮人に申し聞かせ、

구상서

이번에 인슈우에 건너온 조선인에 관한 일입니다. 소송을 취급하지 않고 그대로 [그들을] 돌려보내도록 하라고, 마쓰다이라 호우키노카미 님 및 교우부 타이후 쪽에도 지시가 있었습니다. 그러한 지시의 취지를 인슈우에 파견한 가신들에게 서둘러 전하였습니다. 통사가 조선인을 만나, 지시의 내용을 조선인에게 말하여,

使札可申付と存候処一昨夜ゟ暁
大久保加賀守殿ゟ御月番之表ニ而御家
朝鮮人之儀御詮議ニ而差上之節ニ而遣
延ニ而上ヶ之御詞之表書載ニ而之文言ニ而写
差及載ニ而無之川之ニ而被之候
伊付付国刺之書載ニ而書ニ而御之
更詞書候之ニ而写ニ而被相ニ被候

帰帆可申付与存候然処一昨廿五日晩大久保加賀守様江留守居之者被召寄朝鮮人之儀訴詔御取上不被成被追返候上者通詞之者差越候ニ不及候間若罷越候共早々引取候様ニ与被仰付候付因州江差越候家来之者方江通詞対談ニ不及候早々罷帰候様ニ与

帰帆を申し付けるべきであると[これまで]そのように思っておりました。そのような処に、一昨日、二十五日の晩の事でございます。大久保加賀守様へ留守居の者が召し寄せられ、朝鮮人の事は訴訟を御取り上げに成られず、そのまま追い返す事になった。そうなった上は、通詞の者を[因州へ]派遣する必要は無い。もし派遣しているようであれば、早々に引き取るようにと、そのような御指示をいただきました。因州へ派遣している家来の者へ、通詞は[もう朝鮮人と]対談する必要はない、早々に罷り帰る様にと、

귀범을 명해야 한다고 [지금까지] 그렇게 생각하고 있었습니다. 그런데 그저께 25일 밤의 일입니다. 오오쿠보 카가노카미 님에게 당번이 불려가서, 조선인의 일은 소송을 취급하지 않고, 그대로 돌려보내는 것으로 되었다. 그렇게 된 이상은 통사를 [인슈우에] 파견할 필요가 없다. 만일 파견했을 것 같으면, 서둘러 불러들이라는, 그런 지시를 받았습니다. 인슈우에 파견한 가신들에게, 통사는 [조선인과] 대담할 필요가 없으니, 서둘러 돌아오도록 하라고,

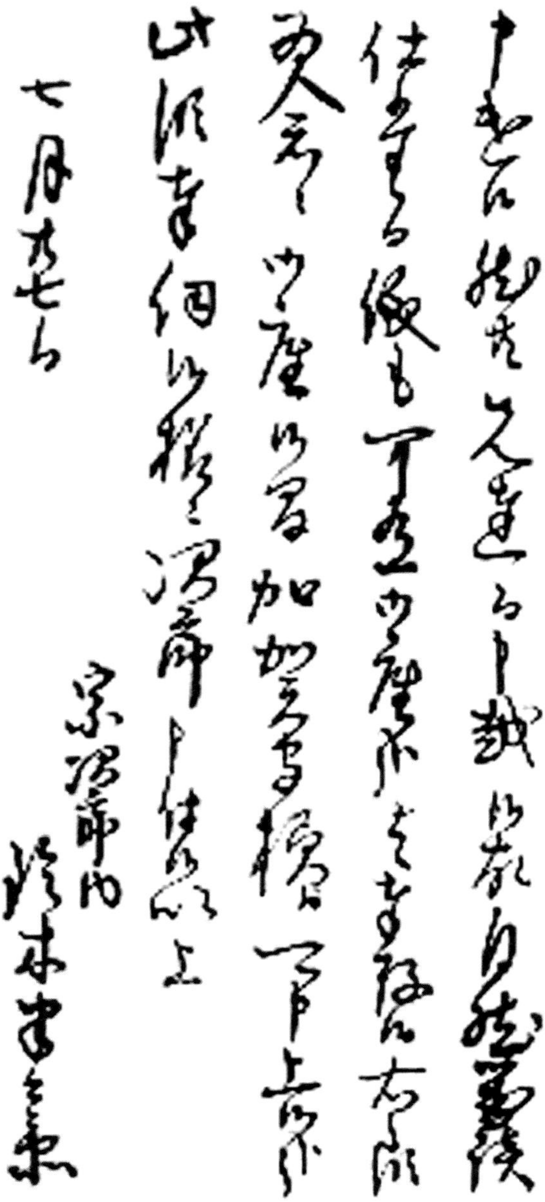

申遣候然共先達而申越候故自然対談仕たる儀も可有御座哉与奉存候
右之段為念ニ御座候間加賀守様江可申上候哉此段奉伺候様ニ次郎申付候以上

宗次郎内

七月廿七日　　　　　　　　　　鈴木半兵衛

そのように申し遣わしました。然しながら、先達っての[御指図の通り、その趣旨を朝鮮人に伝え、彼らに帰帆を申し付けるよう、すでに]申し伝えておりましたので、自然に[朝鮮人と]対談するような事が有るかもしれません。右のような事があれば、念の為では御座いますが[この事を今一度]加賀守様へ申し上げて置いた方が宜しいのでしょうか。この事を[豊後守様へ]御伺いするようにと、次郎が[私に]申し付けました。以上でございます。

宗次郎内

七月二十七日　　　　　　　　　　鈴木半兵衛

그렇게 지시하셨습니다. 그러나 지난번의 [지시대로, 그 취지를 조선인에게 전하여, 그들에게 귀범을 명하도록 하라고, 이미] 전달했기 때문에, 자연스럽게 [조선인과] 대담하는 일이 있을지도 모릅니다. 위와 같은 일이 있으면, 만일을 위한 일이기는 합니다만 [이 일을 지금 다시] 카가노카미 님에게 말씀드려 놓는 것이 좋을까요. 이 일을 [분고노카미 님에게] 여쭈어 보라고, 지로우가 [나에게] 명하셨습니다. 이상입니다.

소우 지로우 가신

7월 27일　　　　　　　　　　스즈키 한베에

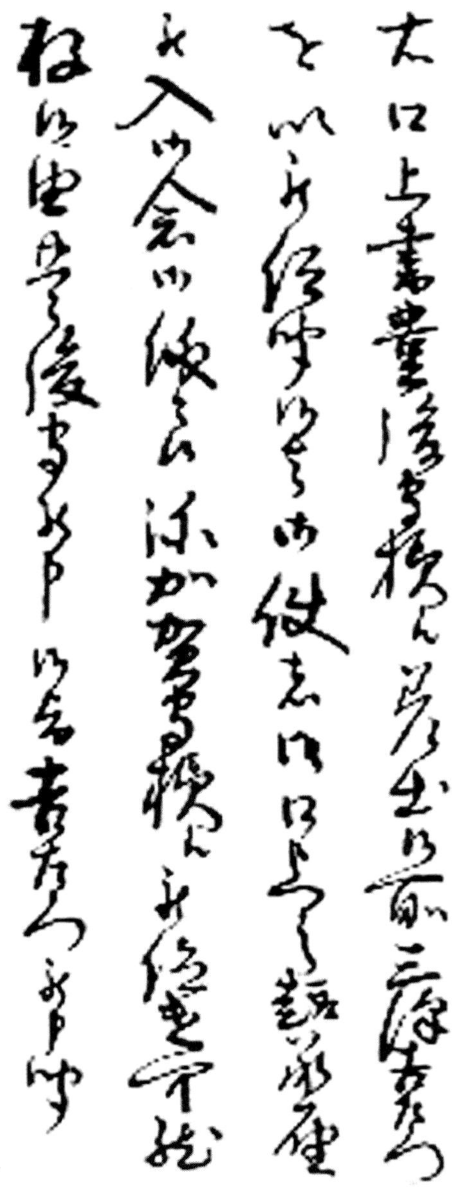

(41-26)

右口上書豊後守様江差出候所三沢吉左衛門を以被仰聞候者御使者御口上之趣承届被入御念御儀ニ候弥加賀守様江被仰遣可然存候由豊後守被申候旨吉左衛門被申聞

(41-26)

右の口上書を豊後守様へ差し出した所、三沢吉左衛門を以て御伝え下さった事は、御使者の御口上の趣旨は承った。御念を入れての事であり[了解致した。]そうであれば、いよいよ加賀守様へ申し上げるのが宜しいであろう。そのように豊後守が申されていたと、その旨を吉左衛門から聞かされた。

(41-26)

위의 구상서를 분고노카미 님에게 제출했더니, 미시와 요시자에몬을 시켜 전해준 것은, 사자가 보낸 구상서의 취지는 알았다. 마음을 쓴 일이라 [이해했다.] 그렇다면 카가노카미 님에게 말씀드리는 것이 좋을 것이다. 그렇게 분고노카미 님이 말씀하셨다고, 그런 이야기를 요시자에몬한테 들었다.

ハ加賀守様ニ御寄合之段兼而申上置候

とハ存候 以上 [illegible]

(41-27)

〃加賀守様江鈴木半兵衛儀参上御取次を以左之口上書差出之

(41-27)

〃加賀守様方へ鈴木半兵衛が参上し、御取次ぎを以て、左の口上書を差し出した。

(41-27)

〃카가노카미 님에게 스즈키 한베에가 찾아가, 주선하는 자를 통해 아래의 구상서를 제출했다.

口上覚

先頃以案内申上候通今般閣列ニ朝鮮

公儀ゟ刑部大輔殿家来ゟ竹島之儀被仰付候

東萊以竹島之趣申越候通無用

以後彼地渡海相止候様ニ閣列ニ者被仰

無調之者申付可被成候旨之趣ニ候

口上覚

先頃御案内申上候通今度因州江朝鮮人罷渡候付刑部大輔存寄御座候而豊後守様江奉伺候付御差図之趣申越候迄者通詞対談仕候儀差扣候様ニ与因州江差越候通詞之者江申付置候存寄之趣豊後守様江

口上覚

先頃、御案内申し上げた通り、今度、因州へ朝鮮人が渡って来た事に付いてでございます。刑部大輔に思う所がございまして、豊後守様へ御伺いを致しました。その御差図の趣旨が伝えられる迄は、通詞は[朝鮮人と]対談する事を差し控える様にと、そのように因州へ派遣した通詞の者へ申し付けて置きました。[刑部大輔の]思う所の趣旨を、豊後守様へ

구상서

지난번에 말씀드린대로, 이번에 인슈우에 조선인이 건너온 일에 대한 일입니다. 교우부 타이후가 생각하는 일이 있어, 분고노카미 님에게 질문을 하였습니다. 그 지시의 취지가 전해질 때까지는, 통사는 [조선인과] 대담하는 것을 삼가라고, 그렇게 인슈우에 파견한 통사에게 지시하여 두었습니다. [교우부 타이후가] 생각하는 일의 취지를 분고노카미 님에게

去伺候処大朝鮮人之渡許候由御上之儀
因刕ゟ書付を以申進候處松平伯耆守殿ゟ
被仰渡候由刑部大輔方ニ前々ニ被仰渡候付
其趣因刕之竹嶋ニ而漁伺之者方ゟ越候ニ
然処今般朝鮮人漁師共之由
申進延引仕候て漁伺之者竹嶋江之渡
之者竹嶋ニ而申候へ共申渡候之様
候様ニ付因刕之竹嶋ニ而漁之者方ニ

奉伺候処右朝鮮人之儀訴詔御取上不被成因州より直ニ被追返候様ニ与松平伯耆守様江被仰渡候由刑部大輔方江茂被仰渡候付早速因州江差越候通詞之者方へ申越候然処今度之朝鮮人訴詔御取上不被成被追返候上者通詞之者差越候ニ不及若罷越候共早々引取候様ニ与被仰付候付因州江差越候家来之者方江

御伺いしていた処、右朝鮮人の事は、その訴訟を御取り上げに成られぬ事になり、因州から直ちに追い返す様にと[加賀守様から]松平伯耆守様へ御指示がございました。その由を刑部大輔方へも御連絡いただき、その事に付いて、早速、因州へ派遣していた通詞の者たちへも申し伝えました。そのような処に、今度、朝鮮人に対し、訴訟を御取り上げに成られず追い返す事になりました。この上は、もう通詞の者を派遣する必要はない。もし罷り越しても早々に引き取るようにと、そのような御指示がございました。そこで因州へ派遣した家来の者たちへ

여쭈었더니, 위 조선인의 일은, 그 소송을 취급하지 않는 것으로 되어, 인슈우에서 직접 돌려보내도록 하라고 [카가노카미 님이] 마쓰다이라 호우키노카미 님에게 지시하였습니다. 그 내용을 교우부 타이후에게도 연락해주어, 그 일에 대해, 서둘러 인슈우에 파견한 통사들에게 전하였습니다. 그러할 때, 이번의 조선인에 대해, 소송을 취급하지 않고 돌려보내게 되었습니다. 이런 이상 통사를 파견할 필요가 없다. 만일 갔다해도 서둘러 돌아가도록 하라는, 그와 같은 지시가 있었습니다. 그래서 이나바에 파견했던 가신들에게

以飛札御意得候[illegible]
[illegible]
先達而[illegible]
[illegible]

以上

七月六日

宗對馬守内
鈴木[illegible]

以飛脚通詞対談仕ニ不及候間早々罷帰候様ニ与申遣候得共豊後守様御差図之趣先達而申越候付自然対談仕候儀茂可有御座候哉為念申上置候様次郎申付候以上

宗次郎内

七月廿七日　　鈴木半兵衛

[早速]飛脚を以て[連絡を致しました。そして]通詞に対しては[もはや朝鮮人と]対談する必要は無い、早々に[対州へ]罷り帰る様にと[そのように]申し遣わしました。豊後守様の御差図の趣旨を、先達って申し伝えておりましたが[すでに因州へ入っていれば]自然と[通詞は朝鮮人と]対談を行うことも有り得る事でございます。この事を念の為、ここで申し上げて置くようにと、次郎が[私に]申し付けました。以上でございます。

宗次郎内

七月二十七日　　鈴木半兵衛

[서둘러] 비각을 보내 [연락하였습니다. 그리고] 통사에게는 [이제는 조선인과] 대담할 필요가 없다. 서둘러 [타이슈우로] 돌아가도록 하라고 [그렇게] 말하여 보냈다. 분고노카미 님이 지시한 취지를 지난번에 전달하여 두었습니다만 [이미 인슈우에 들어가 있으면] 자연스럽게 [통사는 조선인과] 대담하는 일도 있을 수 있는 일입니다. 이 일을 만일을 위해, 여기서 말씀드려 두라고, 지로우가 [나에게] 지시하셨습니다. 이상입니다.

소우 지로우 가신

7월 27일　　스즈키 한베에

大江書差出候所加賀守様ゟ返答之義ハ
仕者共以前ゟ以飛脚越前屋又入会候
及同心之者朝鮮人与出入仕候事ニ仕
候様ニと松平伯耆守様ゟ被仰付候得共渡
候写定ニ出会写紙なと存候而以前ゟ
入会候儀ハなく候事ニ候

(41-28)

右口上書差出候所加賀守様御返答ニ御使者を以被仰聞候趣承届被入御念儀ニ候通詞之者朝鮮人江出合候儀無用ニ仕候様ニ与松平伯耆守様御家来江堅申渡候間定而出合申間敷与存候被仰聞候趣入御念儀候与之御事ニ而罷帰ル

(41-28)

右の口上書を差し出した所、加賀守様の御返答があった。御使者を以て御報告いただいた御趣旨について、承りました。御念を入れての御報告に[忝なく存じます。]通詞の者が朝鮮人と出合う事は必要無いと、そのように松平伯耆守様の御家来に堅く申し渡しを行いました。それゆえ、おそらく[通詞の者が朝鮮人と]出合うという事は無いと思います。[わざわざ]御報告いただいた事に付いては、御配慮をいただいたと、そのように理解しております。そのような御返答であったので、罷り帰った。

(41-28)

위의 구상서를 제출했더니 카가노카미 님의 답이 왔다. 사자를 보내 보고하신 취지에 대하여 이해하였습니다. 정성 들인 보고를 [감사하게 생각합니다.] 통사가 조선인을 만날 필요가 없다고, 그렇게 마쓰다이라 호우키노카미 님의 가신에게 분명하게 전하였습니다. 그래서 아마도 [통사가 조선인을] 만난다고 하는 일은 없을 것으로 생각합니다. [일부러] 보고해주신 것에 대해서는, 배려해주신 것이라고, 그렇게 이해하고 있습니다. 그러한 답이었기 때문에, 돌아왔다.

い日丹木八日加賀湊權八江戸表數呈

(41-29)

〃同月廿八日賀嶋権八江戸発足

(41-29)

〃同月(七月)二十八日、賀嶋権八が江戸を出発した。

(41-29)

〃동월(7월) 28일에 카시마 곤하치가 에도를 출발했다.

註1、元禄九年一月二十八日、江戸城の白書院において仰せ渡された竹島渡海禁止令のこと。

주 1. 겐로쿠 9년 1월 28일에 에도성의 시로쇼우인에서 지시받은 죽도도해 금지령을 말한다.

註2、松平伯耆守(池田綱清)は、元禄九年六月晦日に江戸を発った。因幡に入り、そして鳥府の鳥取城に入ったのは七月十九日の事である。その在所の鳥取へ向けた書状である。

주 2. 마쓰다이라 호우키노카미(이케다 쓰나키요)는 겐로쿠 9년 6월 그믐에 에도를 출발했다. 이나바에 들어가, 쵸우후의 톳토리성에 들어간 것은 7월 19일이었다. 톳토리로 향한 서장을 말한다.

註3、江戸への飛脚(使者)とは賀嶋権八のことである。賀嶋が対馬を出発するのが七月十日、江戸に到着するのが七月二十三日と、相当の早足である。賀嶋が急がねばならなかったのは、通詞一行が鳥取に行くからである。その鳥取の通詞一行に江戸から速く指令を送るためには、できるだけ速く、賀嶋が江戸に行かねばならない。その江戸藩邸では、通詞一行は日本海を東に向かい、船旅で鳥取に行くと見ていた。賀嶋が対馬を船出して後、数日後には、彼らも船出する予定である。

偏西風と海流に沿う航路であるから、出発すれば彼らは直ぐ鳥取に到達してしまう。それゆえ江戸からの指令を彼らは長らく鳥取で待つことになる。そのように江戸藩邸は想定していた。だが実際の彼らの旅は、ゆっくりとしたものだった。そもそも彼ら通詞一行が実際に辿った経路は、日本海ルートではない。迂回する瀬戸内海ルートで、さらに備前岡山(びぜんおかやま)から因幡鳥取への山越えの作州路(さくしゅうろ)を通るルートである。その鈴木権平らの一行は、八月六日の時点で、まだ赤間関(あかませき)に居た。そのゆっくりとした旅とは、おそらく宗義真(むねよしざね)の指令によるものであろう。宗義真は通詞と朝鮮人とが出会い、対談することに反対であった。

주 3. 에도에 가는 비각(사자)이란 카시마 곤하치를 말한다. 카시마가 쓰시마를 출발한 것이 7월 10일, 에도에 도착하는 것이 7월 23일로, 상당히 빨랐다. 카시마가 서둘지 않으면 안 되었던 것은, 통사 일행이 톳토리에 가기 때문이었다. 그 톳토리에 가는 통사 일행에게 에도에서 빨리 지령을 보내려면, 될 수 있는대로 빨리, 카시마가 에도에 가야 했다. 그 에도 한테이에서는, 통사 일행이 일본해・동해를 동으로 가는 배 여행으로 톳토리에 간다고 생각하고 있었다. 카시마가 쓰시마를 출선한 수일 후에는, 그들도 출선할 예정이었다. 편서풍과 해류를 따르는 항로이므로, 출발하면 그들은 바로 톳토리에 도착하고 만다. 그렇기 때문에 에도의 지령을 그들은 오랫동안

기다리게 된다. 그렇게 에도 한테이는 상정하고 있었다. 그러나 그들의 실제 여행은 천천히 이루어졌다. 그들 통사 일행이 실제로 거쳐간 경로는 일본해·동해의 길이 아니었다. 우회하는 세토나이카이 길을 거쳐, 또 히젠오카야마에서 이나바 톳토리로 산을 넘는 사쿠슈우로를 통하는 길이었다. 스즈키 곤하치 일행은 8월 6일의 시점에는, 아직 아카마세키에 있었다. 그렇게 천천히 가는 여행이란, 아마 소우 요시자네의 지령에 따른 것이었을 것이다. 소우 요시자네는 통사와 조선인이 만나 대담하는 것을 반대했다.

○同九年八月六日同備々御詔々被來朝鮮
人同列々懐出航陸画佳之

## 【大綱四二段(元祿九年八月①)】

(42-00)

○ 同九年八月六日因幡江訴詔之儀申出候朝鮮人因州之湊出帆帰国仕也

## 【大綱四二段(元祿九年八月①)】

(42-00)

○ 同九年八月六日、因幡へ訴訟を申し出ていた朝鮮人が、因州の湊を出帆し、帰国の途に付いた。

## 【대강 42단(겐로쿠 9년 8월 ①)】

(42-00)

○ 동 9년 8월 6일, 이나바에 소송을 신청한 조선인이 인슈우 항을 출범하여 귀국의 길에 올랐다.

一　八月十四日之状同情ニ而鉄ニ異様飛脚
江戸江ハ御届朝鮮人江被成書添出船
仕候旨飛脚ニ而申来候得ハ権平方江ハ
守殿も権平未来候得共世上之所為尚陣ら
可申候権平義罷越候　右傚ニ而候彼為
中候而又候ハヽ可申　其段可申来候

(42-01)

〃八月十四日先頃因幡江差越候足軽飛脚江戸江帰着朝鮮人之儀去ル五日湊出船仕候間飛脚之者罷帰候様ニ権平方江之書状も権平未参着無之候間取帰り可申候権平参着候ハヽ　公儀より被仰渡候趣申聞被罷帰候様ニ可申達候間早々罷帰

(42-01)

〃八月十四日、先頃因幡へ派遣した足軽飛脚が江戸へ帰着した。朝鮮人は去る五日、湊を出船したので[それを機会に]飛脚の者も帰ってはどうかと[勧められた。[鈴木]権平方への書状も、権平が未だ[鳥府に]参着していないので[手渡すことも出来ない。]取って返し[もう江戸に]帰ってはと言われた。権平が参着したら、公儀から仰せ渡された趣旨を[因州の者が]申し聞かせ[対州へ]罷り帰る

(42-01)

〃8월 14일, 지난번 이나바에 파견한 보졸 비각이 에도로 돌아왔다. 조선인은 지난 5일에 항을 출범했기 때문에 [그것을 기회로] 비각도 돌아가면 어떨까 라고 [권유받았다.] [스즈키] 곤페이 쪽에 보낸 서장도, 곤페이가 아직 [쵸우후에] 도착하지 않았기 때문에 [건네줄 수 없다.] 되돌아서 [에도로] 돌아가면 어떻겠는가 라고 들었다. 곤페이가 도착하면, 장군이 지시하신 취지를 [인슈우 사람이] 전하여 [타이슈우에] 돌아

以飛札ニ而御書面被成下候 横目付衆ニ
申入候方御館之者 御申候得共 去ル
六ケ年之別渡海客之 信使御船相
之候船差而ニ而 一里程去方より
以 朝鮮人出帆之様子専ニ 又御座申
依之兼而 御申候を承候ニ 致得御申候
以上

候様ニ与伯耆守様御家来横田佐次兵衛与申人此方飛脚之者江被申聞候付去ル六日午之刻彼地発足仕候飛脚宿之儀船着之所ニ而無之一里程遠方ニ而候故朝鮮人出帆之様子直ニ見届不申佐次兵衛被申聞を承候而罷帰候由申聞候也

様にと伝えるので[飛脚の者は]早々に罷り帰る様にと、そのように伯耆守様の御家来で横田(よこた)佐次兵衛(さじべえ)と申す人から、この飛脚の者は勧められた。それゆえ去る六日の午の刻(午前十二時頃)彼の地を出発した。飛脚の宿は、船着場の所には無く、それより一里程、遠方に在るという。それゆえ朝鮮人が出帆する様子は、直接、見届けてはいないが、佐次兵衛が話すのを聞いたという事である。こうして[飛脚が鳥府から]罷り帰って来たので、その報告を受けた。

가도록 하라고 전할 것이므로 [비각은] 서둘러 돌아가도록 하라고, 그렇게 호우키노카미의 가신 요코다 사지베에라는 자가, 비각에게 권했다. 그래서 지난 6일 오시(오전 12시경)에 그곳을 출발했다. 비각의 숙소는 선착장에는 없고, 그곳에서 1리 정도 먼 곳에 있다 한다. 그래서 조선인이 출범하는 상황은 직접 확인하지는 못했으나, 사지베에가 말하는 것을 들었다는 것이다. 이렇게 해서 [비각이 쵸우후에서] 돌아왔기 때문에, 그 보고를 들었다.

一 右之通ニ付 松平伯耆守様御留守居
吉田平馬方ゟ榎本東蔵方ゟ手紙
を以此方ゟ問情ニ差越候飛脚之者
今ゟ承候伯朝鮮人去ル[illegible]渡被出帆候由
申来候ニ付添書〆被出帆候て室ゟ大久保

(42-02)

〃右之通ニ付松平伯耆守様御留守居吉田平馬方江鈴木半兵衛方より手紙を以此方より因幡江差越候飛脚之者今日罷帰朝鮮人去五日湊致出帆候由申聞候弥五日ニ致出帆候ハヽ定而大久保

(42-02)

〃右の通りであり、この事を、松平伯耆守様の御留守居である吉田平馬方へ、鈴木半兵衛方から手紙を以て申し伝えた。すなわち、此方から因幡へ差し遣わしていた飛脚の者が、今日罷り帰って来ました。朝鮮人は去る五日に[因幡の]湊を出帆致した由を[この飛脚の者から]聞きました。いよいよ五日に出帆を致したと言う事であるなら、おそらく[因州様も]大久保加

(42-02)

〃위와 같이, 이 일을, 마쓰다이라 호우키노카미 님의 당번 요시다 헤이마에게 스즈키 한베에가 편지로 전하였다. 즉 이쪽에서 이나바에 보냈던 비각이 오늘 돌아왔습니다. 조선인은 지난 5일에 [이나바의] 항구를 출범했다는 내용을 [이 비각한테] 들었습니다. 5일에 출범했다고 말하는 일이라면, 아마 [인슈우에서도] 오오쿠보

此方公儀明朝之案内可申来候
依相違家屋作之敷ニ付候与存候
如様之先中老衆処年寄衆被致御差図
随而深彼方分遅々可有之候哉
恐々

加賀守様江御案内可被仰上与存候此方より茂明朝御案内可申上与存候弥相違無御座候哉御報ニ被仰聞被下候様ニ与申遣候処平馬被致他出候間帰り次第彼方より返答可在之由申来ル

加賀守様へ御報告をなさった事と思います。此方からも明朝[加賀守様へ]御報告を申し上げようと思っております。[朝鮮人の出帆は]いよいよ間違い無い事でございましょうが、その旨の御報を下さいます様にと、そのように申したら[あちらからは]平馬は今、他出しておりますので、帰り次第、返答するように致しますと、そのように申して来た。

카가노카미 님에게 보고하신 일이라고 생각합니다. 이쪽에서도 내일 아침에 [카가노카미 님에게] 보고드릴 생각입니다. [조선인의 출범은] 틀림없는 일이겠지만, 그 내용의 연락을 주시도록 하라고, 그렇게 말씀드렸더니 [저쪽에서는] 헤이마는 지금, 출타했으므로, 돌아오는대로, 답하도록 하겠습니다 라고, 그렇게 말했다.

一同月十五日吉田平馬方ゟ左之通申来ル
申来候ニ付朝鮮人漂流者案内之
被出帆ニ付武方ゟ右之段方大久保加賀守様
御案内可申上候頭取差越候得共同時ニ
其節立寄被申候ニ付申来候ニ付以書面相伺
候処未申来候ニ付八時大久保加賀守様
御頭取被仰候右ニ付書付頭御届仕候

(42-03)

〃同月十五日吉田平馬方より右之返答ニ申来候者朝鮮人之儀弥去五日無異事致出帆候此方より者今晩方大久保加賀守様江御案内可申上与存候其元様よりも同時ニ被仰上被下候様ニ与申来候付口上書相認鈴木半兵衛を以今八時大久保加賀守様阿部豊後守様江被仰上候趣左ニ記之

(42-03)

〃同月(八月)十五日、吉田平馬方から右の返答が来た。それによれば、朝鮮人の事は、いよいよ、去る五日、特段の事なく出帆を致しました。此方からは今晩方、大久保加賀守様へ報告を申し上げようと思っております。其元(対州)様からも、同時に御報告を上げて下さるようにと申して来た。そこで口上書をしたため、鈴木半兵衛を以て、今八ツ時(午後二時頃)大久保加賀守様と阿部豊後守様とへ[その旨の御報告を]申し上げた。その趣旨を左に記す。

(42-03)

〃동월(8월) 15일에 요시다 헤이마한테서 위의 답이 왔다. 그것에 의하면 조선인의 일은, 결국 지난 5일에 특단의 일 없이 출범하였습니다. 이쪽에서는 오늘밤에 오오쿠보 카가노카미 님에게 보고드리려고 생각하고 있습니다. 그곳(타이슈우)에서도 동시에 보고를 올려달라고 말씀해 주셨습니다. 그래서 구상서를 기록하여, 스즈키 한베에를 보내, 지금 얏쓰(오후 2시경)에 오오쿠보 카가

노카미 님과 아베 분고노카미 님에게 [그 내용의 보고를] 올렸습니다. 그 취지를 아래에 기록한다.

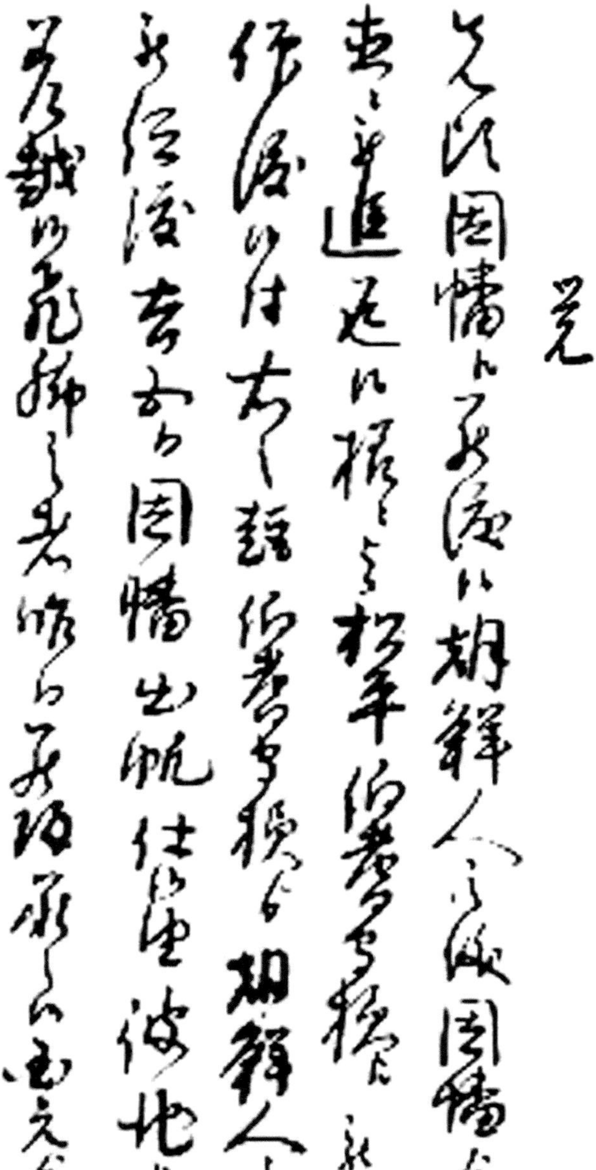
覚

覚

先頃因幡江罷渡候朝鮮人之儀因幡より直ニ被追返候様ニ与松平伯耆守様江被仰渡候付右之趣伯耆守様より朝鮮人江被仰渡去五日因幡出帆仕候由彼地江差越候飛脚之者昨日罷帰承之候国元より

覚

先頃因幡へ渡り来た朝鮮人の事でございますが、因幡から直ちに追い返す様にと、松平伯耆守様へ御指示がございました。それゆえ右の趣旨について、伯耆守様から朝鮮人へ申し渡しがございました。そして去る五日[朝鮮人は]因幡を出帆いたしました。そのように彼の地へ差し遣わしていた飛脚の者が、昨日罷り帰り[こちらに]報告を致しました。国元から

각서

지난번 이나바에 건너온 조선인의 일입니다만, 이나바에서 바로 돌려보내도록 하라고, 마쓰다이라 호우키노카미 님에게 내린 지시가 있었습니다. 그래서 위의 취지에 대해, 호우키노카미 님이 조선인에게 전하는 일이 있었습니다. 그리고 지난 5일에 [조선인은] 이나바를 출범하였습니다. 그렇게 그곳에 보냈던 비각이, 어제 돌아와 [이쪽에] 보고했습니다. 국원에서

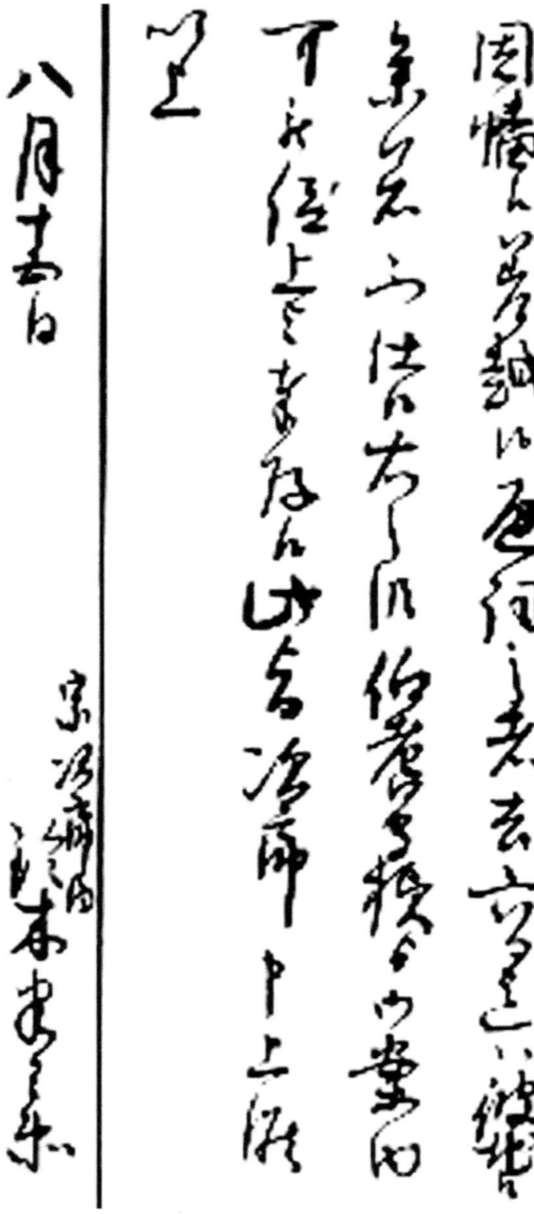

因幡江差越候通詞之者去六日迄ハ彼地江参着不仕候右之段伯耆守様より御案内可被仰上与奉存候此旨次郎申上候以上

宗次郎内

八月十五日　　　　　　　　鈴木半兵衛

因幡へ差し遣わした通詞の者は、去る六日迄は、まだ彼の地へは参着しておりませんでした。右の事は、伯耆守様から御報告が上がると思いますが、此の旨を[一応]次郎からも申し上げます。以上

宗次郎内

八月十五日　　　　　　　　鈴木半兵衛

이나바에 보낸 통사는 지난 6일까지는 아직 그곳에는 도착하지 않았습니다. 위의 일은 호우키노카미 님이 보고하여 올릴 것으로 생각합니다만, 이 내용을 [일단] 지로우도 말씀 올립니다. 이상

소우 지로우 가신

8월 15일　　　　　　　　스즈키 한베에

右覚書ヲ差出以来 如何様ニ候共後ニ候

以是以来候 使者を以可申入候中以趣承度

入申合候事ニ而 らし候之

(42-04)

右覚書差出候所加賀守様豊後守様御返答ニ御使者を以被仰聞候趣承届入御念候御事ニ候与之儀也

(42-04)

右の覚書を差し出した所、加賀守様も豊後守様も、その御返答に御使者を以て応えられた。すなわち、御報告いただいた御趣旨については承った。御念を入れられた事として了解を致したと、そのような事であった。

(42-04)

위의 각서를 제출했더니, 카가노카미 님도 분고노카미 님도 그 답에 사자를 보내서 답하셨다. 즉 보고받은 취지를 이해했다. 성의를 다한 것으로 이해하셨다는, 그러한 것이었습니다.

一 同月十二日御老中ゟ被召呼留守居江竹嶋
方々於末之事方之以書付申上候
朝鮮人之儀去ル冬渡海船ニ遂隠岐ニ上
船出申付砂場上六々出帆仕候
国情不遣ニ而帰之事申候
其者付ル大相違之儀ニ付以上書ニ相聞え
於東国之事をハ加賀守様御老中御尋
其保恵以上書ニ候

(42-05)

〃同月十六日伯耆守様御留守居吉田平馬方より鈴木半兵衛方[江]以手紙申来候者朝鮮人之儀去五日致出船候処湊砂込上船出不申候付砂堀上六日[ニ]出帆仕候由因幡より追而之飛脚到来申参候由申来候付而右相違之段御口上書[ニ]相調又々鈴木半兵衛を以加賀守様豊後守様[江]被仰遣御口上書左[ニ]記之

(42-05)

〃同月(八月)十六日、伯耆守様の御留守居である吉田平馬方から、鈴木半兵衛方へ、手紙を以て連絡が来た。すなわち、朝鮮人の事であるが、去る五日に出船をしたが、湊では砂が込み上げていて、船は[この湊を出る事ができなかった。そこで[邪魔になる]砂を掘って[取り除き]その後、六日に出帆をしたという事であった。そのような事を、因幡から追っての飛脚が到来し、申し伝えて来たという。右の相違の事を、御口上書に調え、又々鈴木半兵衛を以て、加賀守様と豊後守様へ報告をした。その御口上書を左に記す。

(42-05)

〃동월(8월) 16일에 호우키노카미 님의 당번인 요시다 헤이마가 스즈키 한베에 측에 편지로 연락을 보내왔다. 즉 조선인의 일인데, 지난 5일에 출범했으나, 항에 모래가 쌓여있어, 배는 [이 항을 나갈 수가 없었다. 그래서 [방해가 되는] 모래를 파서 [제거하고] 그 후에, 6일에 출범했다는 것이다. 그러한 일을 이나바에서 서

둘러 보낸 비각이 도래하여, 전해왔다고 한다. 위의 잘못된 것을 구상서로 정리하여, 다시 스즈키 한베에를 보내, 카가노카미 님과 분고노카미 님에게 보고했다. 그 구상서를 아래에 기록한다.

口上覚

因幡ニ而承候ハ朝鮮人去ル頃彼地出帆仕候

飛脚之者承候所　松平伯耆守殿

當番之舩方之家来之者方合承候處

渡海之者出帆仕候由申伸候付一両日前候由

御案内申上候處因幡ゟ遣之飛脚

口上覚

因幡[江]罷渡候朝鮮人去五日彼地出帆仕候由飛脚之者罷帰承候付松平伯耆守殿留守居方[江]家来之者方より承合候処弥五日[ニ]出帆仕候由申聞候付其旨昨日御案内申上候然処因幡より追而之飛脚

口上覚

因幡へ罷り渡った朝鮮人は、去る五日に彼の地を出帆したと[こちらの]飛脚の者が罷り帰って報告を致しました。松平伯耆守殿の留守居方へ[こちらの]家来の者が承った処、いよいよ五日に出帆を仕ったとの由を、申し聞きました。それゆえ其の旨を昨日、御報告申し上げました。然しながら因幡から追っての飛脚が

구상서

이나바에 건너온 조선인은 지난 5일에 그곳을 출범했다고 [이쪽] 비각이 돌아와서 보고하였습니다. 마쓰다이라 호우키노카미 님의 당번 측에 [이쪽] 가신이 듣기를, 드디어 5일에 출범했다고 하는 내용을 들었습니다. 그래서 그 내용을 어제 보고드렸습니다. 그런데 이나바에서 뒤이어 온 비각이

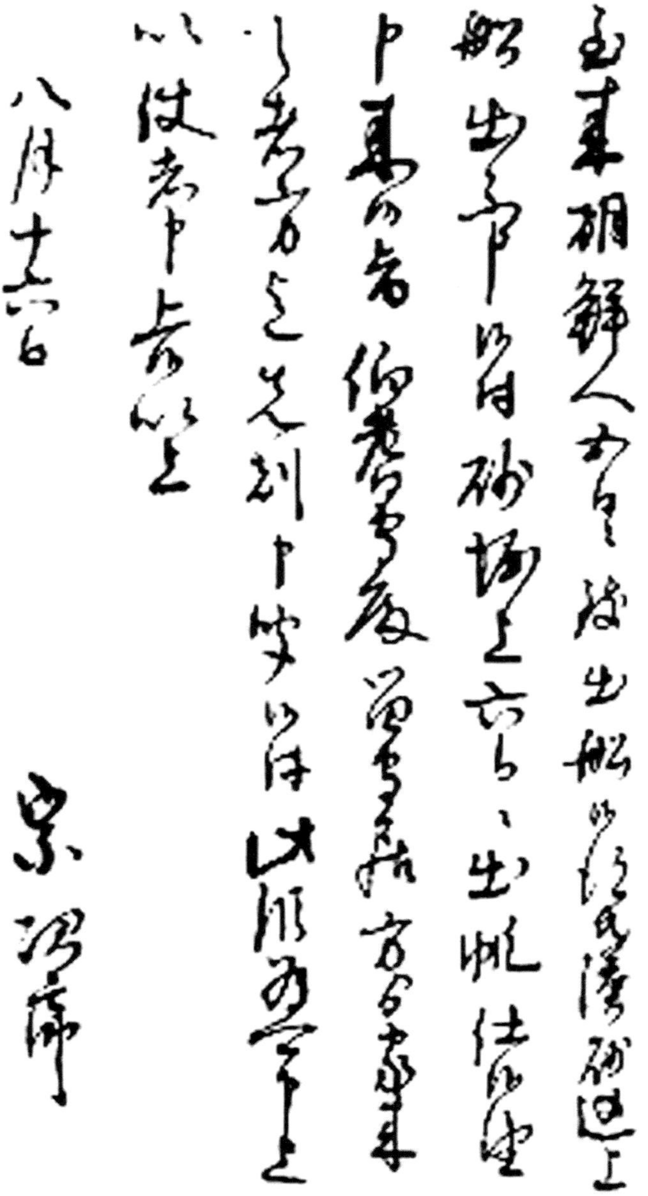

八月十六日

到来朝鮮人五日ニ致出帆候得共湊砂込上船出不申候付砂堀上六日ニ出帆仕候由申来候旨伯耆守殿留守居方より家来之者方迄先刻申聞候付此段為可申上以使者申上候以上

八月十六日

宗次郎

到来し、朝鮮人は五日に出帆をしたのではございますが、湊[の水路]には砂が込み上げており、その船は出る事ができませんでした。そこで[川底の]砂を堀った上で[水路を確保し]六日に出帆をしたという事でございました。そのような連絡があった事を、伯耆守殿の留守居方から[こちらの]家来の者方迄、つい先刻、申し伝えて参りました。この事を[早速]申し上げようと、こうして使者を以て申し上げる処でございます。以上

八月十六日

宗 次郎

도래하여 조선인은 5일에 출범하였습니다만, 항[의 수로]에 모래가 쌓여있어, 그 배는 나갈 수가 없었습니다. 그래서 [강바닥의] 모래를 파서 [수로를 확보하여] 6일에 출범했다고 합니다. 그런 일이 있었다는 것을 [서둘러] 말씀드리려고, 이렇게 사자를 보내어 보고드리는 것입니다. 이상

8월 16일

소우지로우

右之趣申上書相認加筆可被成候得共猶又
半之丞殿於此加筆可被成候ニ付以前次
御用済候ハヽとくと以申上書委細之儀ハ申上候
これも存出候ハヽとくと以而申上書委細之上相談
人出船しけ後相違ニ而委細申上候とも
十分之処かやうニ被成候而後ニ可被成候ニ付未
取退出ニ而私ニ而写ニ而相認置可申
上置ニ宜敷御頼

(42-06)

右之通御口上書相認加賀守様豊後守様江半兵衛致持参加賀守様ニ而者御取次町井源五右衛門を以御口上書差上豊後守様ニ而者石山加右衛門を以御口上書差上朝鮮人出船之日限相違之段委細口上ニ而も申達候処加賀守様豊後守様ニ茂未御退出不被遊候間御帰宅次第可被申上由ニ而罷帰ル

(42-06)

右の通りに御口上書をしたため、加賀守様と豊後守様とへ、半兵衛が持参した。加賀守様方に於いては、御取次の町井源五右衛門を以て、御口上書を差し上げた。豊後守様方に於いては、石山加右衛門を以て、御口上書を差し上げた。朝鮮人の出船の日限が相違した事は、その委細を口上にても申し上げた処、加賀守様も豊後守様も未だ[御城から]御退出なさっておられなかったので、御帰宅次第[その旨を取次から]申し上げるという事で、罷り帰った。

(42-06)

위와 같이 구상서를 기록하여 카가노카미 님과 분고노카미 님에게 한베에가 지참했다. 카가노카미 님 측에서는 주선하는 마치이 겐고에몬을 통해 구상서를 바쳤다. 분고노카미 측에서는 이시야마 카에몬을 통해 구상서를 바쳤다. 조선인이 출선한 날짜가 다른 것을, 자세하게 구상으로도 말씀드렸더니, 카가노카미 님도 분고노카미 님도 [성에서] 퇴출하시지 않았기 때문에, 귀댁하는 대로 [그 내용을 주선하는 자가] 말씀드리겠다고 말했기 때문에 돌아왔습니다.

一 同日大久保加賀守様より右之趣延以書付
仕来候而ハ上之出之判之致而役人
申遣候様蘇安佃致承知ニ付国備中様
差添ニ而相解人之旨又ハ役地出帆仕候

是ハ被差越候処相解人

(42-07)

〃同日大久保加賀守様より右之為御返答御使者来ル御口上者先刻者預御使者御書付之趣委細致承知候因幡国江罷渡候朝鮮人去ル五日彼地出帆仕候由飛脚之者罷帰御聞被成候旨右朝鮮人

(42-07)

〃同日、大久保加賀守様から、右の御返答のため、御使者が来た。その御口上は、先刻は御使者の差し遣わしがあり[その持参なされた]御書付の趣旨について、その委細を承知致した。すなわち、因幡国へ罷り渡った朝鮮人は去る五日、彼の地を出帆し、飛脚の者が罷り帰り[その旨を]御聞き成られた由である。だが右朝鮮人は

(42-07)

〃동일에 오오쿠보 카가노카미 님한테서, 위의 답을 위해 사자가 왔다. 그 구상서는, 앞서 사자를 보내 [그때 지참하신] 서부의 취지에 대해, 그 자세한 것을 알았습니다. 즉 이나바노쿠니에 건너왔던 조선인은 지난 5일에 그곳을 출범하고, 비각이 돌아와 [그 내용을] 들었다는 것이다. 그러나 위 조선인은

右ニ付出船ニ付添役迄上船出之節御附
御物上京ゟ出帆仕候旨早速相手御警衛
両支配ゟ以家来申合出会申、御談も有之候
隙之入会候而所役人共之列 清様ん之
御ハ以史志申入（ゟとくしてす）

五日致出船候得共湊砂込上船出不申候付砂堀上六日出帆仕候由且又松平伯耆守様留守居[江]御家来より聞合被申候趣も被仰聞段々被入御念儀共承届候先刻御城[江]罷在候付以使者申入候与之御事也

五日に出船を致したが、湊は砂が込み上げ、船が出られなかった。そこで砂を堀って除き、六日に出帆したとの事である。且つ又、松平伯耆守様の留守居へ[国元から連絡が行き、その]御家来から[出船の日付の相違を]聞き合い、その申された趣旨についても[この度、こちらに]お聞かせ下さった。色々と御念を入れられた事などを承り[恐縮する処である。]先刻は御城に罷り在り[留守中であった。帰宅後]使者を以て[こうして御返答を]申し上げるとの事であった。

5일에 출선했으나, 수로에 모래가 쌓여 배가 나가지 못했다. 그래서 모래를 파서 제거하고 6일에 출선했다는 것이다. 그리고 또 마쓰다이라 호우키노카미 님의 당번에게 [국원에서 연락이 가, 그] 가신이 [출선한 일부가 다르다는 것을] 말하여, 그렇게 말한 취지에 대해서도 [이번에 이쪽에] 알려주셨다. 여러 가지로 성의를 다했다는 것을 듣고 [고맙게 생각합니다.] 선각에는 등성하여 [집을 비웠습니다. 귀댁하여] 사자를 보내 [이렇게 답을] 드린다는 것이었다.

一 加賀湾権八儀八月九日中屋ゟ出火ニ付
天龍院公今阿部豊後守様ゟ御自筆之
御礼御状并大久保加賀守様ゟも御状
并九月廿日江戸表ゟ相達し候ニ付
二通し御書付被下候

(42-08)

〃賀嶋権八儀八月九日御国江下着ニ付天竜院公より阿部豊後守様江御自筆之御礼御状被遣大久保加賀守様江も御状被遣九月四日江戸表江相達夫々差出之二通之御案書左ニ記之

(42-08)

〃賀嶋権八が八月九日、御国へ下着した。そこで天竜院公から阿部豊後守様へ御自筆の御礼の御状を遣わされ、大久保加賀守様へも御状を遣わされた。それが九月四日に江戸表へ相達した。夫々に差し出した二通の御案書を、左に記しておく。

(42-08)

〃카시마 곤하치가 8월 9일에 나라에 하착했다. 그래서 텐류우인 공이 아베 분고노카미 님에게 자필의 인사장을 보내고, 오오쿠보 카가노카미 님에게도 보냈다. 그것이 9월 4일에 에도에 도착했다. 여기에 보낸 2통의 초안을 아래에 기록해둔다.

一筆致啓上候 貴殿益御堅固御勤
被成御座 珍重存候 然者今般同刻
被差渡候朝鮮人之儀ハ 私持中へ差越
此内壹人ハ迎ニ遣壹人ニ而御座候 私ゟ
其上参候出船致度 太京支度ゟ議
任請 請之役 御鉄御寄 祈願之儀御座上
うち然 御免之事 宜(?)被仰付候 進候以上

一 筆致啓上候御手前様御堅固御勤被成候旨珎重奉存候然者今度因州江罷渡候朝鮮人之儀ニ付私存寄之趣奉得御内意候処御懇意ニ御差図被成被下其上各様出羽守殿右京大夫殿江茂被仰談法を破罷越候間訴詔之儀御取上不被成馳走ヶ間敷事無之被追帰候様ニ

一 筆啓上致します。御手前様、御堅固に御勤めに成っておられる由、珍重に存じます。さて今度、因州へ罷り渡った朝鮮人の事に付いて、私の考える趣旨について、御内意をいただき、御懇意に御差図を下していただき、其の上、各閣老様、出羽守殿、右京大夫殿へも御相談をしていただきました。[朝鮮人は]法を破って罷り越したので、訴訟の儀は御取り上げに成られず、馳走らしき事も無く追い帰す様にと、

1. 일필 올립니다. 귀하가 건강하게 근무하고 계시는 것을 다행으로 생각합니다. 그런데 이번 이나바에 건너온 조선인의 일에 대해, 제가 생각하는 취지에 대해, 이해하여 주시고, 적절한 지시를 내려주시고, 그 위에, 각 노중 님, 데와노카미 님, 우쿄우 타이후 님에게도 상담하여 주셨습니다. [조선인은] 법을 어기고 넘어왔기 때문에, 소송의 건은 취급하지 않고, 접대 같은 것도 없이 돌려보내도록 하라고,

松平伯耆守殿ニ而御渡候書付
此江上ル一段読難被識候得共先般
ニ而御出役所備前守殿御心入被下候
ニ而兼々御座候ニ付而御無沙汰ハ御座候得共此段
御達致候ニ而御代官等ニ而念
ニ而御留守居中ニ而朝鮮御尋之儀
念入存候ニ付申上度奉存候
此礼為申上如此御座候恐惶謹言

松平伯耆守殿[江]被仰渡候由被仰下候御口上之趣致承知誠此度之儀首尾能被仰出候段偏御手前様御心入故与別而忝奉存候殊被思召付以来之儀迄長崎御奉行所[江]被仰付候由旁被入御念忝次第奉存候重而茂朝鮮御用向之儀無遠慮可申上之旨奉得其意候右之御礼為可申上如此御座候恐惶謹言

松平伯耆守殿へ御指示なさった由、そのようにお話し下さった御口上の趣旨に付き、承知を致しました。誠に此の度の事は、首尾能く御対応なさった事と思います。偏えに御手前様の御心入れのゆえと、格別、忝なく思っております。殊にお考えをお示しになって、その後の事まで、長崎御奉行所へも[わざわざ]お言葉を寄せていただきました。そのように御配慮をいただき、忝ない次第と思っております。朝鮮御用向きの事については、何度でも遠慮無く[意見を]申し述べるようにと、そのような御言葉を掛けて下さり、実に嬉しく存じます。右の御礼を申し上げようと、此の如き書状を差し上げる事に致しました。恐惶謹言

마쓰다이라 호우키노카미 님에게 지시하여 주신 내용, 그렇게 말씀하여 주신 구상서의 취지에 대해 알게 되었습니다. 참으로 이번 일은 잘 대응하신 것이라고 생각합니다. 모든 것이 귀하가 마음을 쓰신 결과라고 생각하고, 각별히 황송하게 생각하고 있습니다. 특별히 생각을 나타내시고, 그 후의 일까지, 나가사키 봉행소에도 [일부러] 말씀을 해주셨습니다. 그렇게 배려해주셔서, 황송하기 그지없다고 생각하고 있습니다. 조선에 관한 일에 대해서는, 몇 번이고 어려워하지 말고

[의견을] 이야기하라고, 그와 같은 말씀을 해주셔서, 참으로 기쁘게 생각합니다. 위의 일에 감사인사를 드리려고, 이처럼 서장을 올리는 바입니다. 삼가 아룁니다.

猶以此段之儀申上候、以上、猶ゝ侭も
御覧被成可遣存之候、恐惶謹言
右無之候以使者得御意候、以上

八月十日　御自筆

阿部豊後守様

猶以此節之儀急成事ニ而思召之程も不省役目之儀故早速存寄之趣申上候処尤被思召候由被仰下忝奉存候以上

八月十日　　　　　　御自筆

阿部豊後守様

猶、申し述べますと、此の節の事は急の事でございまして、お考えの程も[十分に理解せぬまま、また]役目の事も省みぬまま、それゆえ早速[にも拙い意見ではございましたが]思う所を申し上げました。そのような事を、尤もであるとお考えになられ、そのようにお話し下さっていただき、忝く思っております。以上でございます。

八月十日　　　　　　[御隠居様]御自筆

阿部豊後守様

더 말씀드리자면, 이번의 일은 급한 일이었기 때문에, 생각하시는 것도 [충분히 이해하지 못한 채, 또] 주제도 생각하지 못하고, 그래서 서둘러[서 치졸한 의견이었습니다만] 생각하는 것을 말씀드렸습니다. 그와 같은 것을, 당연하다고 생각하시고, 그처럼 말씀해주셔서, 황송하게 생각하고 있습니다. 이상입니다.

8월 10일　　　　　　[은거하신 분] 자필

아베 분고노카미 님

一筆致啓上候 漸寒候處弥御堅固
被成御勤珍重存候 然者今冬谷周列ト
其後ハ朝鮮人之儀付松村家ゝ之趣
阿部豊後守殿江申達候處各様被仰合候
渡被承知候ニ付訳語之儀可為上ゝ候

一 筆致啓上候御手前様弥御堅固被成御勤珎重奉存候然者今度因州江罷渡候朝鮮人之儀付私存寄之趣阿部豊後守殿迄申達候処各様被仰談法破罷越候付訴詔之儀御取上不被成候間被

一 筆啓上致します。御手前様、いよいよ御堅固に御勤め成さっておられ、珍重に存じます。さて今度、因州へ罷り渡った朝鮮人の事に付いてでございます。私が思う所を、阿部豊後守殿迄お伝えした処、各皆様方が御相談なさったようでございます。法を破って罷り越した事であり、この訴訟の事は、御取り上げに成らない事になりました。

1. 일필 올립니다. 귀하가 건강하게 근무하고 계시는 것을 다행으로 생각합니다. 그런데 이번 이나바에 건너온 조선인의 일에 대한 일입니다. 내가 생각하는 것을 아베 분고노카미님에게 전하였을 때, 여러 분과 상담하신 것 같습니다. 법을 어기고 넘어온 일이기 때문에, 소송의 건은 취급하지 않게 되었습니다.

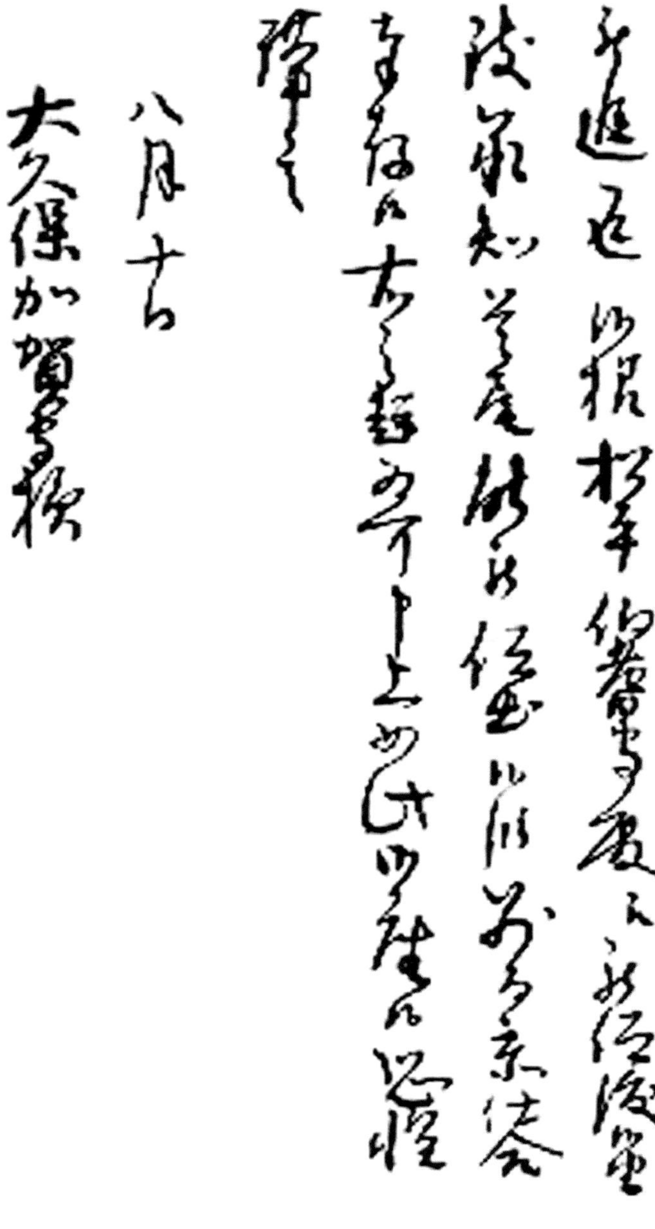
[illegible]
八月十六
大久保加賀守様

追返候様松平伯耆守殿江被仰渡候由致承知首尾能被仰出候段別而忝仕合奉存候右之趣為可申上如此御座候恐惶謹言

八月十日

大久保加賀守様

[この朝鮮人を]追い返す様に[御手前様から]松平伯耆守殿へ御指示が下された由で、この事を承知致しております。首尾能く御対応が成されたものと、格別に忝なく存じます。右の[感謝の]趣旨を申し上げようと、此の如き書状を差し上げる事に致しました。恐惶謹言

八月十日

大久保加賀守様

[이 조선인을] 돌려보내도록 하라고 [귀하가] 마쓰다이라 호우키노카미 님에게 지시를 내려주셨다는 것을, 이 일을 알게 되었습니다. 잘 대응하셨다고 생각하고, 각별히 황송하게 생각하고 있습니다. 위의 일에 [감사하는] 취지를 말씀드리려고, 이렇게 서장을 올리기로 하였습니다. 삼가 아룁니다.

8월 10일

오오쿠보 카가노카미 님

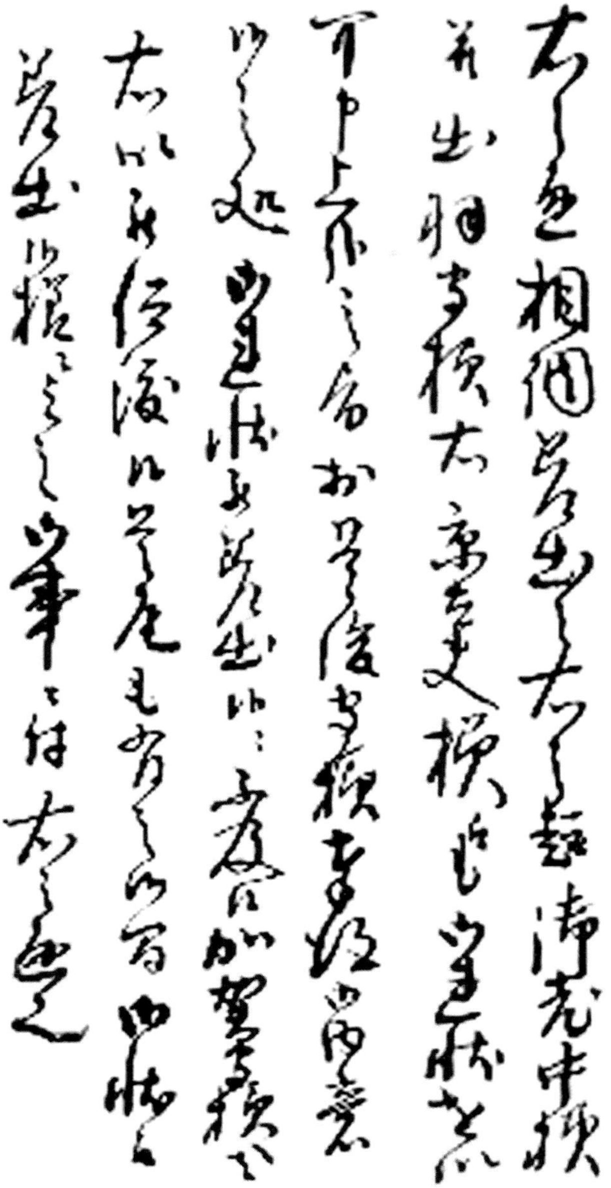

(42-09)

右之通相調差出之右之趣御老中様并出羽守様右京大夫様江も御連状を以可申上哉之旨於豊後守様奉得御内意候之処御連状被差出候ニ不及候加賀守様へ者右以被仰渡候首尾も有之候間御状被差出候様ニ与之御事ニ付右之通也

(42-09)

右の通りに相調え、差し出した右の[書状の]趣旨を[さらに]御老中様ならびに出羽守様、右京大夫様へも、御連状を以て、その旨を申し上げるべきか、豊後守様に御内意を伺った。すると御連状を差し出されるには及ばないと[そのような豊後守様の御返事であった。]加賀守様へは、右の如き[朝鮮人に対する御指示を伯耆守様に]仰せ渡され、その首尾の宜しい事も有り[感謝の]書状を差し出される様にとの御指示が有った。それゆえ右の通りの書状を差し出した。

(42-09)

위와 같이 정리하여 제출한 위 [서장의] 취지를 [다시] 노중 님 및 데와노카미 님 우쿄우 타이후 님에게도 연장으로 해서, 그 뜻을 말씀드려야 할 것인가, 분고노카미 님에게 뜻을 물었다. 그러자 연장을 바칠 수는 없다고 하는 [그러한 분고노카미 님의 답이 있었다.] 카가노카미 님에게는 위와 같이 [조선인에 대한 지시를 호우키노카미 님에게] 지시하시어, 잘 정리된 일도 있어 [감사하는] 서장을 바치도록 하라는 지시가 있었다. 그래서 위와 같은 서장을 제출했다.

○同九年八月十八日因幡ゟ之御使者杉本権平
義、何比留出来候由因幡之人因幡之内様
村々承候儀、杉村采女方へ被越、
候使者被請、支度之儀下宿ニ而出シ遣ス
権平及對談候所、朝鮮人之儀對州ゟ出入
候付、直ニ承候処、依何事絶方ゟ宜候

## 【大綱四三段(元禄九年八月②)】

(43-00)

○ 同九年八月十八日因幡江之御使者鈴木権平并阿比留惣兵衛通詞両人因幡之内餅ヶ瀬村与申所迄罷越候処松平伯耆守様より之御使者飯嶋夫大夫御城下鳥取より出迎イ権平及対談候所朝鮮人之儀者対州御一手ニ被仰付置候故不依何事他方より取次不申筈ニ

## 【大綱四三段(元禄九年八月②)】

(43-00)

○ 同九年八月十八日、因幡への御使者の鈴木権平ならびに阿比留惣兵衛そして通詞両人が、因幡の内、餅ヶ瀬(用瀬)村と言う所迄、罷り越した処、松平伯耆守様からの御使者で飯嶋夫大夫と申される方が、御城下の鳥取から出迎えに来ておられた。権平と対談した所、朝鮮人の事は対州の御一手に任されるとの[公儀からの]御達しがあったという。それゆえ何事に依らず、他国からの取次ぎはしないと言う方針で

## 【대강 43단(겐로쿠 9년 8월 ②)】

(43-00)

○ 동 9년 8월 18일, 이나바에 보낸 사자 스즈키 곤베에 및 아비루 소우베에 그리고 통사 두 사람이 이나바 안의 모치가세무라라는 곳까지 갔을 때, 마쓰다이라 호우키노카미 님이 보낸 사자 이이지마 후타유우라는 자가 성하 톳토리에서 영접하러 오셨다. 곤페이와 대담하더니, 조선인의 일은 타이슈우 한 곳에 맡긴 것이라는 [장군의] 지시가 있었다고 한다. 그러므로 어떤 일이라 해도 타국에서는 주선하지 않는다고 하는 방침이라

一、此度帰帆中御振ニ而　江戸表大久保加賀守様
より被仰信使朝鮮人去々六日国別出帆信[illegible]
椿年殿被成下之[illegible]ニ付[illegible]　當表承知
御振之儀者可被仰候御名州従去[illegible]
中嘆被付　天龍院公御代御時ニ[illegible]
其上椿年殿去々国別[illegible]

候間帰帆申付候様ニ与江戸表大久保加賀守様より被仰付朝鮮人去ル六日因州出帆仕候間権平儀御城下迄罷通候ニ不及候間直ニ罷帰候様ニ与伯耆守様被仰候旨御使者夫大夫申聞候ニ付天竜院公より之御状も不差出権平儀直ニ因州発足仕候也

[朝鮮人には]帰帆を申し付ける様にと、江戸表の大久保加賀守様から御指示があった。[その結果]朝鮮人は去る六日、すでに因州を出帆したという。もはや権平は御城下迄罷り通る必要はない。それゆえ、ここから直ちにお帰りになるようにと、伯耆守様が仰せられていた旨を、御使者の夫大夫が申し伝えて来た。そこで天竜院公からの御状を差し出す事もなく、権平は直ちに因州を発ち、帰国する事になった。

[조선인에게는] 귀범을 명하도록 하라는, 에도의 오오쿠보 카가노카미 님의 지시가 있었다. [그 결과] 조선인은 지난 6일에 이미 인슈우를 출범했다고 한다. 따라서 곤페이는 성하까지 갈 필요가 없다. 그러므로 이곳에서 바로 돌아가도록 하라고, 호우키노카미 님이 명하셨다는 내용을, 사자 후타유우가 전해주었다. 그래서 텐류우인의 서장을 제출하는 일도 없이, 곤페이는 바로 인슈우를 출발하여 귀국하기로 했다.

一 推年候八月六日長州赤間関ニ異国船

之ヶ漂流之輔見通り筑前ニ而異国

打寄候様子相見候ニ付見山ニ而異船見出

則漂流之船改書面之趣到之役者出張ニ而

国情之是迄ニ而御座中不届候ニ付番所役人

少々其外ニ而小倉様家来中人数御出張之

(43-01)

〃権平儀八月六日長州赤間関江着船夫より備後之鞆罷通り備前之内江乗込松平伊予守様御城下岡山江着船岡山渕崎之船改番所江対州之使者公用ニ付因幡江罷通り候段申届彼御番所役人小宮勘右衛門小嶋弥大夫与申人江往来証文

(43-01)

〃権平[の対馬からの旅について述べれば、彼らは]八月六日に長州の赤間関へ着船した。そこから[瀬戸内海に入り]備後の鞆の津を通過し、備前の内へ乗り込んだ。松平伊予守(池田綱政)様の御城下である岡山に着船し、岡山の渕崎の船改め番所へ[罷り出た。そこで]対州の使者が公用で因幡へ参るので、通過のお届けを致しますと[申し出た。そして]彼の御番所の役人で、小宮勘右衛門および小嶋弥大夫と申す人へ、往来の証文を

(43-01)

〃곤페이[가 쓰시마에서 출발한 여행에 대해 말하자면, 그들은] 8월 6일에 쵸우슈우의 아카마세키에 착선했다. 그곳에서 [세토나이카이에 들어가] 빈고의 토모노쓰를 통과하여 비젠 안으로 들어갔다. 마쓰다이라 이요노카미(이케다 쓰나마사) 님의 성하인 오카야마에 착선하여, 오카야마의 후치자키의 배를 갈아타는 번소로 [나갔다. 그곳에서] 타이슈우의 사자가 공용으로 이나바에 가기 때문에, 통과하는 수속을 하겠습니다 라고 [말하였다. 그리고] 그 번소의 역인 코미야 칸에몬 및 코지마 야타유우라는 사람에게 왕래의 증문을

入念之案内者請ヶ船ニて二ヶ所ニ
申下候乙乗載被方ゟ船役事抱候ニ付
案内船ニ為乗出様仕ゟ申下候乙乗載
此方ゟ船ヲ警固之夫ゟ陸地乙乗寄候得
十六日早山安足波方ゟ案内者出ル
夫ゟ蒲飛之内切組持之申下候上官行得

見せ之案内者申請ヶ船ニ而二日市与申所迄罷越彼方御船役幸野四兵衛方より案内船被差出橋下与申所迄罷越此所江船ヲ繋置夫より陸地罷通り同月十六日岡山発足彼方より案内者出テ夫より美作之内加花村与申所江止宿仕同

見せ、案内を受けた。船で二日市(ふつかいち)と言う所まで罷り越し、彼方の御船役の幸野四兵衛方から、案内船を差し出された。そして橋下(はしした)と言う所迄、罷り越し、此の所へ船を繋ぎ置き、そこから陸地を通って、同月十六日には岡山[藩領]を出た。彼方より案内者が出て、それから美作藩(みまさかはん)の内に入った。加花村(かもむら)(加茂村)と言う所で止宿(ししゅく)した。同

보이고 안내를 받았다. 배로 후쓰카이치라는 곳까지 가자, 그쪽의 선역 코우노 시베에가 안내선을 내주었다. 그리고 하시시타라는 곳까지 가서, 그곳에 배를 묶어두고, 그곳부터는 육지를 지나 동 16일에는 오카야마[번령]을 나왔다. 그곳에서 안내자가 나와, 그때부터 미마사카한 안으로 들어갔다. 카모무라라는 곳에서 숙박했다. 동

十八日因到之内　加津様之中承知候

二十二日頃俳分勝持　一宿之家作者等様

御機嫌ニ参之而　自ら之作者　云家ニ御座候

一家之外屋中申付候　則御作者役所史委ガ

作之作者等様ニ　御上　書之作為横草

宿之下承識之之候之ヘ　御作者揮付入来

御史者吏在史事　候之　御作者殿之朝鮮

十八日因州之内知津村与申所罷通り其夜餅ヶ瀬村江一宿之所伯耆守様御城下鳥取より之御使者此所江被出迎候旨所之庄屋申聞ヶ則御使者飯嶋夫大夫より使を以伯耆守様より御口上在之候間権平宿江可罷越与之儀ニ而御使者押付入来御使者夫大夫被申候者御使者江者朝鮮

十八日には因州内に入り、その知津村(智頭村)と言う所を罷り通った。其の夜、餅ヶ瀬村(用瀬村)へ一宿の[予定をしていた]所、伯耆守様の御城下の鳥取から、すでに御使者が此の[餅ヶ瀬村という]所に、出迎えに来ていた。その旨を所の庄屋が申し伝え、直ちに御使者の飯嶋夫大夫[という人]から使いが来た。伯耆守様からの御口上が在るので、権平の宿へ参上すると[そのように伝えて来た。]そうしてやがて御使者がやって来た。[因州の]御使者の夫大夫が申した事は、[対州の]御使者は朝鮮

18일에는 인슈우 안으로 들어가, 치즈무라라는 곳을 지났다. 그날밤에 모치가세무라에 1박할 [예정을 하고 있었는]데, 호우키노카미님의 성하 돗토리에서, 벌써 사자가 [모치가세무라라는] 곳에 영접나와 있었다. 그런 내용을 쇼우야가 전하여, 바로 사자 이이지마 후타유우[라는 사람]의 심부름꾼이 왔다. 호우키노카미 님이 보내는 구상이 있으므로, 곤페이의 숙소로 찾아가겠다고 [그렇게 전해왔다.] 그리고 드디어 사자가 왔다. [인슈우의] 사자 후타유우가 말한 것은 [타이슈우의] 사자는 조선

人南地ニ渡海ニ付甚以曲事ニ候鉄ヶ成
候得共今般以後而ニ以渡候以南地ニ
朝鮮人渡海仕候段刑罰ニ
朝鮮無之者共成敗以後ハ可仰付
以来今ニ到迄右通改以之可申之一
朝鮮人之儀ニ付候儀此以後出家中太ニ候様
伯耆国之口上ニ申達候朝鮮人共ニ通路
仕候段御停止被仰出候趣可得其意
江戸表より申上候処大久保加賀守様より

人当地江渡海ニ付其御用斗ニ御越被成候哉与被申候付其通ニ御座候御当地江朝鮮人渡海仕候付従公儀刑部大輔江朝鮮通詞之者差越候様ニ与被仰付候故今度通詞召連罷越候与答候へハ朝鮮人之儀ニ付段々咄御座候条申入候而後伯耆守口上可申達候朝鮮人長々逗留仕先頃より帰国仕度由折々願候故其趣江戸表江申上候処大久保加賀守様より

人が当地へ渡海して来たので、其の御用を果たすためだけに御越しに成ったのですかと、そのように此方に尋ねて来た。そこで、其の通りで御座います。御当地へ朝鮮人が渡海致したので、公儀から刑部大輔へ朝鮮通詞の者を差し遣わす様にと御指示があり、こうして通詞を召し連れ、罷り越しましたと答えた。すると朝鮮人の事に付いては、色々とお話しする事がございますと、その条々を申し入れた後、伯耆守の口上を申し伝えます。[このように言って次のような事を話し出してきた。]朝鮮人が長々と逗留を致しておりましたが、先日頃から帰国を仕り度いとの由を、折々に願い始めておりました。それゆえ、其の趣旨を江戸表へ申し上げた処、大久保加賀守様から、

인이 당지에 건너왔기 때문에, 그 역할을 수행하기 위해 오신 것입니까 라고, 그렇게 이쪽에 물었다. 그래서, 그대로입니다. 당지에 조선인이 도해했기 때문에, 장군이 교우부 타이후에게 조선통사를 보내도록 하라고 하는 지시가 있어, 이렇게 통사를 데리고 넘어왔습니다 라고 답했다. 그러자 조선인의 일에 대해서는, 여러가지로 이야기할 것이 있습니다 라고, 그 이것저것을 이야기한 후에, 호우키노카미 님의 구상을 전합니다. [이렇게 말하고 다음과 같은 것을 이야기하기 시작했다.] 조선인이 오랫동안 두류하고 있었다가, 얼마전부터 귀국하고 싶다는 것을, 자주 원하기 시작했습니다. 그래서 그 취지를 에도에 말씀드렸더니, 오오쿠보 카가노카미 님이

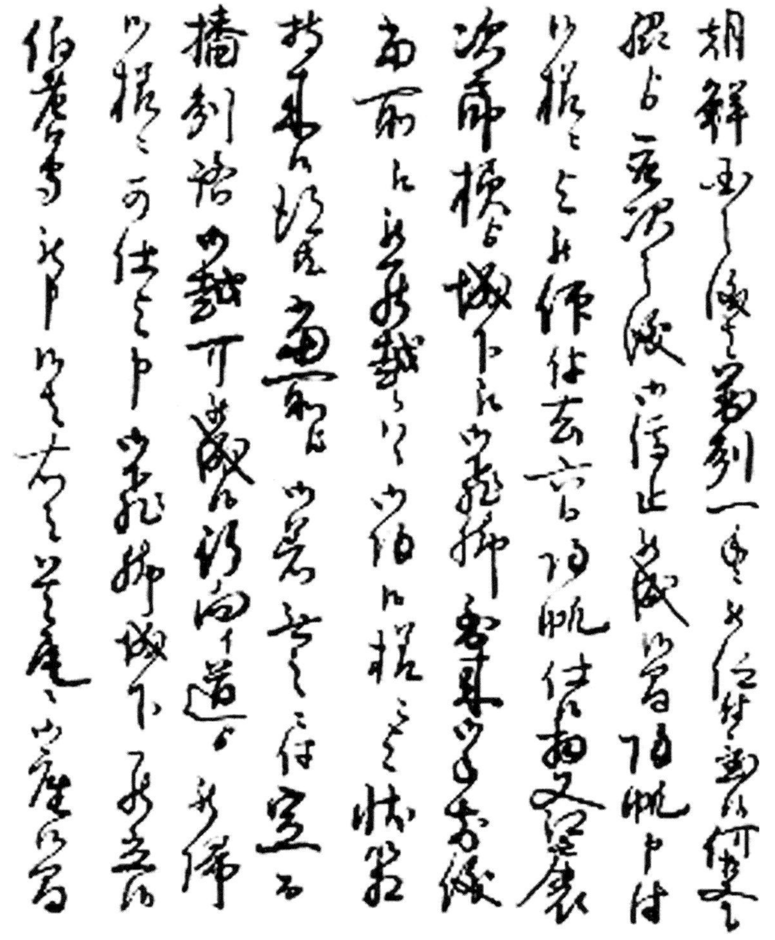

朝鮮国之儀者対州一手ニ被仰付置候何事も脇より取次之儀御停止被成候間帰帆申付候様ニ与被仰付去六日帰帆仕候扨又江戸表次郎様より城下江御飛脚到来御手前儀当所江被罷越候ハヽ御帰候様ニ与状箱持来候得共当所江御着無之ニ付定而播州路御越可被成候行向イ道より被帰候様ニ可仕与申御飛脚城下罷立候伯耆守被申候者右之首尾ニ御座候間

朝鮮国の事は対州の一手に任されている。それゆえ何事も脇から取次ぎをするような事は、停止して置くようにと、そして[渡り来た朝鮮人に対しては]帰帆を申し付ける様にと、御指示がございました。その結果、去る六日[彼らは]帰帆を致しました。さて又、江戸表の次郎様から、こちらの城下へ御飛脚[の使者]が到来いたしました。御手前様(権平)の御一行が当所へお出でになったならば[直ぐにも]御帰国するよう[その御連絡を]伝えるためのもので[その御命令を記した]状箱を持ち参っておりました。しかし[御手前様の御一行は、まだその段階では]当所へ御着きになってはいませんでした。おそらく播州路(ばんしゅうろ)を進んでおられる事であろうと[その道で出合う事ができるよう]その行き向いの道から帰る様にすると、御飛脚は[鳥取の]城下を発って、帰って行かれました。[それゆえ私どもの方は、こちらの作州路(さくしゅうろ)で進んでおられるかもしれないと、こちらでお待ち致しておりました。]伯耆守が申していたのは、右のような事情であるので、

조선국의 일은 타이슈우 한 곳에 일임되어 있다. 그렇기 때문에 어떤 일이라도 다른 곳에서 주선하는 것과 같은 일은 정지해 두도록 하라고, 그리고 [건너온 조선인에 대해서는] 귀범을 명령하라는 지시가 있었습니다. 그 결과 지난 6일에 [그들은] 귀범하였습니다. 그런데 또 에도의 지로우 님이 이쪽 성하에 보낸 비각의 [사자가] 도래하였습니다. 귀하(곤페이)의 일행이 이곳으로 출발하셨다면 [바로라도] 귀국하도록 하라는 [그 연락을] 전달하기 위한 것으로, [그 명령을 기록했던] 서류상자를 가지고 왔습니다. 그러나 [귀하의 일행은 아직 그 단계에는] 이곳에 도착하지 않았습니다. 아마 한슈우로로 오시고 계시겠지요 라고 말하고, [그 길에서 만나기를 바라며] 그 오고 있는 길에서 그냥 돌아가게 한다며, 비각은 [돗토리] 성하를 출발하여 돌아가셨습니다. [그래서 우리는 이쪽 사쿠슈우로로 오고 계실지도 모른다고 생각하고, 이쪽에서 기다리고 있었습니다.] 호우키노카미가 말씀하신 것은 위와 같은 사정이므로,

朝鮮人并之御書之〻様ト之御越之候

高麗へ申様ニ候而も様子之儀〻之様子候

被下候は只今之趣甚然知れ申か無る

御書之趣付候其段存[illegible]

候は但[illegible]様[illegible]形勢[illegible]之書状

少も[illegible]之家老中[illegible]家老[illegible]

[illegible]之[illegible]状[illegible]

誠[illegible]中[illegible]朝鮮

朝鮮人斗之用事ニ候ハヽ城下迄御越ニ不及候当所より直様御帰り候様ニ与之儀ニ御座候与被申候付御意之趣奉承知候右之外別而用事不申付候某儀通詞召連罷越候付伯耆守様江刑部大輔より之書状御当地御家老中江在所家老共より之書状持参仕候此書状も通詞之者差越候届之由於在所申聞候然者朝鮮

朝鮮人ばかりの用事であれば、こちらの城下に[御一行は]もはや御越しになる必要はありません。当所から直ちに御帰りになられる様にとの事で御座いますと、そのように[夫大夫が]申された。そこで此方は[伯耆守様の]御考えの御趣旨については承知をいたしました。右の外に格別な用事は有りませんので、それがしは通詞を召し連れ[早速、帰国する事に致します。]こちらに参るため、伯耆守様へ[お渡しする]刑部大輔からの書状がございます。また御当地の御家老中へ[お渡しする]在所の家老どもからの書状も持参しております。此のような書状を、通詞の者を派遣した折、こちらに御届けするようにと、在所に於いて指示を受けておりました。だが[今のお話しの様子]であれば、朝鮮

조선인에 관한 용무만이라면, 이쪽 성하에 [일행은] 이미 오실 필요가 없습니다. 이곳에서 바로 돌아가시도록 하라는 것입니다. 그렇게 [후타유우가] 말씀하셨다. 그래서 우리는 [호우키노카미 님이] 생각하시는 취지를 이해하였습니다. 위의 용무 이외에는 각별한 것이 없기 때문에, 저는 통사를 데리고 [서둘러 귀국하게 되었습니다.] 이쪽으로 돌아오기 위해, 호우키노카미 님에게 [건네라는] 교우부 타이후의 서장이 있습니다. 또 당지의 가신들에게 [전할] 우리 가신들이 보낸 서장도 지참하고 있습니다. 이러한 서장을, 통사를 파견했을 때, 이쪽(톳토리)에 제출하라고, 재소(쓰시마)에서 지시를 받고 있었습니다. 그러나 [지금 들은 이야기에 의한]다면, 조선

人も帰帆之儀御座候此表差上候ニ付以
由被申候ハ申付朝鮮へ申上可申旨申候
委細之一両使候ハヽ申渡候様道筋難成候
申渡候様被仰付候是ニ而ハ不承届事ニ候可然
思召候得共一宿使者此所ニ自分ニ而様子
申達ニ伯判様ニも御頼之儀罷成
候上ハ如何様ニも可申達候

人も帰帆之儀ニ候故此書状差上不申候御使者を以御暇被成下候上者御当地早々発足可仕儀ニ御座候得共道筋難所ニ而御座候殊ニ夜半過候付不遠慮ニ可被思召候得共一宿仕候此段御自分様迄申達候伯州様江之御請之儀者宜敷被仰上被下候様ニ与申達候

人も帰帆の事でございますので、此の書状は、差し上げぬままに致します。御使者を以て[我々に]御暇(おいとま)を告げるよう[鳥府から]罷り下って来られた上は[我々も]御当地を早々に発つべきで御座いましょう。しかしながら道筋には難所が[数多く]ございます。殊に、もう夜半過ぎでございますので、遠慮しない者どもであるとお考えになるでしょうが[今夜はここで]一宿を致しまして[明日、帰国の途に付きたいと存じます。]此のような事を、御自分(夫大夫)様迄申し伝えますので[是非]伯州様へ[お伝え下さり、その返事の]御請けの事は、宜しく御報告下さいますよう[お願い致しますと]そのように[あちらに]申し伝えた。

인도 귀범한다는 일이기 때문에, 이 서장은 올리지 않기로 합니다. 사자를 보내 [우리를] 돌아가게 하려고 [쵸우후에서] 내려오신 이상은 [우리도] 당지를 서둘러 떠나야 하겠지요. 그러나 길에는 난소가 [아주] 많이 있습니다. 특히 벌써 과반을 지났기 때문에, 무례한 자들이라고 생각하시겠습니다만 [오늘밤은 여기서] 일박하고 [내일 귀국의 길에 오르고 싶다고 생각합니다.] 이와 같은 일을, 저(후타유우)까지 말씀드리니 [꼭] 하큐슈우에 [전하시어, 그 답]을 받는 일은, 잘 보고하여 주실 것을 [부탁드립니다 라고] 그렇게 [저쪽에] 전했다.

伯刕様ゟ去年頂戴苦労ニ付[illegible]

々々御筆ニ而権平ニ時服三領被下

今度御蔵御用ニ而使者を以[illegible]

以返書少弼中迄差遣[illegible]

(43-02)

〃伯州様より遠方罷越苦労ニ被思召候与之御事ニ而権平江時服三通詞江金子被成下候由ニ而御使者被致持参候得共御断申達受用不仕候付被取帰ル

(43-02)

〃伯州様からは、遠方まで罷り越し御苦労であったと、そのようにお考えになられ、権平へ時服を三着、通詞へは金子を下し置かれた。それを御使者[の夫大夫が]持参しておられ[こちらにお渡しになろうとした。]しかし、これはきっぱりと御断りを申し上げ、敢えて受け取るような事はしなかった。そこで[夫大夫は、それをやむなく]持ち帰った。

(43-02)

〃하쿠슈우 님은, 먼곳까지 넘어오시느라고 고생하셨다고, 그렇게 생각하시고, 곤페이에 계절옷 3벌, 통사에게는 금화를 내려주셨다. 그것을 사자 [후타유우가] 지참하시고 [우리에게 건네려고 했다.] 그러나 이것은 단호하게 거절하고, 받는 것과 같은 일은 하지 않았다. 그래서 [후타유우는 그것을 어찌하지 못하고] 가지고 돌아갔다.

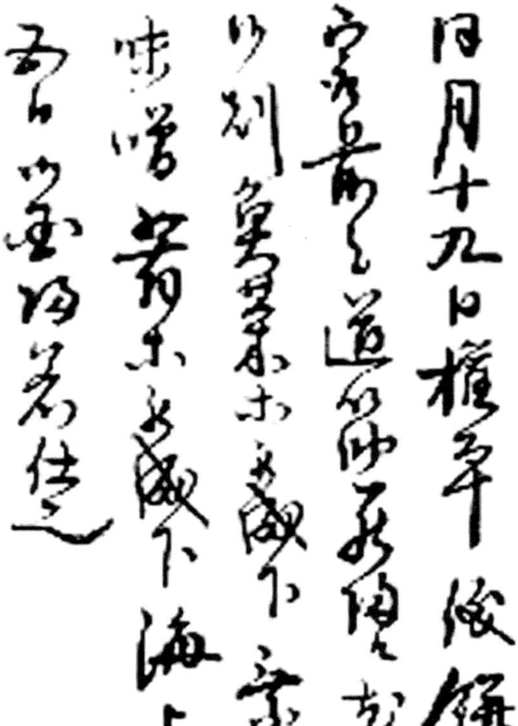

(43-03)

〃同月十九日権平儀餅ケ瀬村発足最前之道筋罷帰ル尤備前之内罷通候刻魚菜等被成下乗船之節も米薪味噌肴等被成下海上如初罷通り九月五日御国帰着仕也

(43-03)

〃同月十九日、権平は、この餅ケ瀬村を出発した。最前[来た]道筋を[そのまま辿り]罷り帰った。尤も備前の内を罷り通る頃に、魚菜などをいただき、乗船の節も、米や薪や味噌や肴などをいただいた。[瀬戸内海から玄界灘の]海上を、初めの如く罷り通り、九月五日に御国へ帰着した。

(43-03)

〃동월 19일에 곤페이는 모치가세를 출발했다. 직전에 [왔던] 길을 [그대로 걸어] 돌아갔다. 비젠 안을 지나갈 동안에 어채 등을 받고, 배를 탈 때도 쌀이나 땔나무나 된장이나 안주 등을 받았습니다. [세토나이카이에서 겐카이나다] 해상을 처음처럼 지나, 9월 5일에 나라에 도착했다.

# 색인

권오엽(權五曄)

1945年 7月 11日, 全北 井邑 生
群山高等學校, 서울教育大學, 國際大學, 北海島大學, 東京大學
學術博士(「廣開土王碑文과 東아시아의 天下思想」)
忠南大學校 人文大學 名譽教授

『日本漫想』, 『廣開土王碑文과 日本의 記紀神話』, 『廣開土王碑文의 世界』, 『隱州視聽合紀』, 『元綠覺書』, 『獨島와 安龍福』, 『竹島文談』, 『控帳』, 『古事記』(上·中·下), 『好太王碑論爭의 解明』, 『好太王碑論爭の解明』, 『廣開土王碑文의 研究』, 『獨島』, 『獨島와 竹島』, 『古事記와 日本書紀』, 『日本의 獨島論理』, 『죽도 및 울릉도』, 『岡嶋正義古文書』, 『竹島渡海由來記拔書控』(上・下), 『竹嶋紀事』(卷一), 『內藤正中의 독도논리』, 『일본은 독도를 이렇게 말한다』, 『竹嶋紀事』(1-1, 1-3), 『竹嶋紀事』(2-1, 2-3), 『竹嶋紀事』(3-1, 3-3) 등

메일 kwonoyub@hotmail.com

오오니시 토시테루(大西俊輝)

1946년 島根縣隱岐郡西鄉町(現 隱岐의 島町) 生
島根縣立隱岐高等學校, 大阪大學 醫學部, 腦神經外科 專門醫, 醫學博士,
大阪國學院 通信教育部卒業, 神職資格(權正階)
大阪市立大學大學院大學 都市情報部 卒業
현) (醫)厚生醫學會理事長
(社福)厚生博愛會理事長
隱岐國 原田向山 大山神社 宮司

『레이저 醫學의 臨床』, 『Illustrated Laser Surgery』, 『山陰沖의 古代史』, 『山陰沖의 幕末維新 動亂』, 『人肉食의 精神史』, 『柿本人麻呂와 아들 躬都郎』, 『隱岐는 繪島, 歌島』, 『日本海와 竹島』, 『心의 誕生』, 『水若酢神社』, 『續日本海와 竹島』, 『隱州視聽合紀』, 『元祿覺書』, 『竹島文談』, 『竹島渡海由來記拔書控』, 『竹嶋紀事』(卷一), 『安龍福과 元祿覺書』, 『大西俊輝, 독도개관』, 『日本海와 竹島』, 『竹嶋紀事』(1-1, 1-2, 1-3), 『竹嶋紀事』(2-1, 2-2, 2-3), 『竹嶋紀事』(3-1, 3-2, 3-3)

竹島紀事

# 죽도기사 4-1

초판인쇄 | 2012년 12월 28일
초판발행 | 2012년 12월 28일

지 은 이 | 권오엽 · 오오니시 토시테루
펴 낸 이 | 채종준
펴 낸 곳 | 한국학술정보㈜
주 소 | 경기도 파주시 문발동 파주출판문화정보산업단지 513-5
전 화 | 031) 908-3181(대표)
팩 스 | 031) 908-3189
홈페이지 | http://ebook.kstudy.com
E-mail | 출판사업부 publish@kstudy.com
등 록 | 제일산-115호(2000. 6. 19)

ISBN 978-89-268-3948-5 94380 (Paper Book)
978-89-268-3949-2 95380 (e-Book)
978-89-268-2138-1 94380 (Paper Book Set)
978-89-268-2139-8 98380 (e-Book Set)